“十四五”高等职业教育计算机类专业活页式教材

Linux 操作系统应用

刘　薇　江跃龙　王　倩◎主　编
王巧莲　孟思明　易　丹　贾中山◎副主编

中国铁道出版社有限公司
CHINA RAILWAY PUBLISHING HOUSE CO., LTD.

内 容 简 介

本书按照"以学生为中心、职业能力为本位、自主学习为目的"的思路编写。全书共 8 个模块，包括获取与部署 Linux、基本操作与文件管理、文件编辑及处理、用户及组管理、文件系统的权限管理、软件包的管理与安装、磁盘管理与文件归档、网络配置。本书以工作任务为主线，可培养学生素质、技能及知识的综合职业能力，并为后续学习打好坚实的基础。

本书适合作为高等职业院校计算机及其相关专业的教材，也可作为自学 Linux 的辅导用书。

图书在版编目（CIP）数据

Linux操作系统应用 / 刘薇，江跃龙，王倩主编. 北京 ：中国铁道出版社有限公司，2025. 4. --（"十四五"高等职业教育计算机类专业活页式教材）.

ISBN 978-7-113-31011-0

Ⅰ. TP316.85

中国国家版本馆CIP数据核字第2024C4W664号

书　　名：Linux 操作系统应用

作　　者：刘　薇　江跃龙　王　倩

策　　划：韩丛付　　　　编辑部电话：（010）51873090

责任编辑：潘星泉　彭立辉

封面设计：高博越

责任校对：安海燕

责任印制：樊启鹏

出版发行：中国铁道出版社有限公司（100054，北京市西城区右安门西街 8 号）

网　　址：https://www.tdpress.com/51eds

印　　刷：天津嘉恒印务有限公司

版　　次：2025 年 4 月第 1 版　2025 年 4 月第 1 次印刷

开　　本：787 mm×1 092 mm 1/16　印张：11　字数：259 千

书　　号：ISBN 978-7-113-31011-0

定　　价：45.00 元

前言

Linux 广泛应用于服务器、超级计算机、嵌入式设备以及云计算平台等领域，成为这些领域的首选操作系统。从初创公司到大型企业，都需要 Linux 开发者来维护系统、开发应用程序或进行系统优化。尤其是在云计算、大数据和人工智能等领域，Linux 开发者的需求日益增长。

本书按照“以学生为中心、职业能力为本位、自主学习为目的”的思路进行编写设计，遵循将“教材”转变为“学材”的设计理念，可实现学生“学中做、做中学”。本书是一本系统化、灵活化的活页式教材，全书共分 8 个模块，包括获取与部署 Linux、基本操作与文件管理、文件编辑及处理、用户及组管理、文件系统的权限管理、软件包的管理与安装、磁盘管理与文件归档、网络配置。每个模块以工作任务为主线，每个任务分为任务描述、导学、学习目标、相关知识、任务实施、活页笔记、评价反馈、作业与训练八部分。本书除了模块一，内容均以实操为主。通过学习，可培养学生的综合职业能力，并为后续学习打好坚实的基础。

本书 Linux 操作系统选用 CentOS 发行版，如果已经有安装好的 CentOS 的服务器，可以从模块二开始学习；如果对 Linux 操作系统不了解并且没有运行环境，通过完成模块一中的三个任务，可以理解 Linux 操作系统及虚拟机，并在自己的计算机上使用 VMware Workstation 运行 CentOS，从而完成后续模块的学习与操作。

本书具有以下特色：

（1）结构方面，突出实用性和实践性，坚持以职业能力为本位，以应用为目的，以必需、够用为度，满足职业岗位的需要。

模块化结构：各个专业可根据需要自由组合成活页式教材，可满足不同学习者的需要，提升专业群的共享度。

实践导向、任务化教材编写：对实践性强的工作任务进行技能、知识活页展示。

（2）编写思路方面，以学生为中心，构建活页式教材。

以学生为中心，围绕任务的完成引入相关知识，再进行任务实施；采用“问题引导”

使学生在学习过程中可以随时记录与总结所遇问题、难点及学习体会；活页式笔记可以使学生对该任务从记忆性、理解性到简单应用进行自我分析与总结，更适合学生的心理特点和认知习惯。

（3）在编写团队方面，由校企成员组成。

编写团队由校内专任教师、企业工程师组成，专任教师根据多年积累的教学经验编写教材内容，企业工程师则提供了许多实际工作任务，从而确保教材内容的实践性和实用性，教材的结构与形式更适合当代高职学生的学习特点。

本书由广州铁路职业技术学院刘薇、江跃龙、王倩任主编，王巧莲、孟思明、易丹、贾中山（广东轩辕网络科技股份有限公司工程师）任副主编，曹伶俐、钟少波等参与编写。其中，刘薇负责教材总体设计、组织，并编写各模块学习目标及相关知识，江跃龙编写各模块任务实施，王倩编写各模块任务描述，王巧莲、孟思明编写各模块导学、活页笔记、评价反馈、作业与训练，贾中山、易丹、曹伶丽、钟少波等校订并对稿件进行完善。

由于时间仓促，编者水平有限，书中难免存在疏漏与不妥之处，恳请专家和读者批评指正。

编　者

2024 年 11 月

目 录

模块一　获取与部署 Linux

课程名称	Linux 操作系统应用	模块一　获取与部署 Linux			
班级		学时	4	日期	
任务一　Linux 版本选择与获取					
专业群	专业群内所有专业	学时	1		

01 任务描述

某公司为部署小型门户网站，已经决定买一台虚拟服务器，但还不能决定使用哪个 Linux 发行版。现在需要工程师小江分析 Linux 发行版，并在众多的发行版中选择一个。

02 导　学

温馨提示	关键知识点	关键技能
学习完本任务后，知识和技能可以达到 95% 以上 重点系数：★★★★★ 难度系数：★★	Linux 操作系统的特点 Linux 操作系统发行版本 Linux 操作系统镜像获取方式	Linux 操作系统版本选择 Linux 操作系统镜像获取

03 学习目标

素质目标	◎具有解决问题的能力和持续学习的态度。
技能目标	◎能够依据实际需求选择合适的 Linux 操作系统版本。 ◎能够下载所需的 Linux 操作系统镜像。 ◎掌握 Linux 操作系统的特点。
知识目标	◎理解 Linux 操作系统的应用场景。 ◎理解 Linux 操作系统的特性。 ◎了解 Linux 操作系统的发展史。

模块名称	获取与部署 Linux	任务名称	Linux 版本选择与获取		
班级		姓名		日期	

04 相关知识

1. Linux 版本介绍

Linux 全称 GNU/Linux，是一种免费使用和自由传播的类 UNIX 操作系统，其内核由林纳斯·本纳第克特·托瓦兹于 1991 年 10 月 5 日首次发布，是一个基于 POSIX 的多用户、多任务、支持多线程和多 CPU 的操作系统。Linux 继承了 UNIX 以网络为核心的设计思想，是一个性能稳定的多用户网络操作系统。Linux 有众多的发行版本，如 CentOS、Redhat、Fedora、Ubuntu、华为 OpenEuler 等。目前较新的 Linux kernel 版本为 5.16。Linux 有众多的发行版本，大致可以分为以下家族：

1）Debian 家族

Debian 最早由 Ian Murdock 于 1993 年创建，是社区类 Linux 的典范，也是迄今为止最遵循 GNU 规范的 Linux 操作系统。Debian 在服务器和桌面计算机领域有着广泛的应用，最具特色的是 apt-get / dpkg 包管理方式。由于 Debian 项目众多内核分支中以 Linux 宏内核为主，而且 Debian 开发者所创建的操作系统中绝大部分基础工具来自 GNU 工程，因此 Debian 常指 Debian GNU/Linux。

典型版本有 Debian、Ubuntu 及 linuxMint。

2）Redhat 家族

Red Hat（红帽）公司（NYSE:RHT）是一家开源解决方案供应商，为诸多重要 IT 技术（如操作系统、存储、中间件、虚拟化和云计算）提供关键的软件与服务。其开放源代码模式提供跨物理、虚拟和云端环境的企业运算解决方案，以帮助企业降低成本并提升效能、稳定性与安全性。红帽公司同时也为全球客户或通过领先合作伙伴为客户提供技术支持、培训和咨询服务。红帽公司的商业模式，简单地说就是将开源社区项目产品化，使普通企业客户更容易消费开源创新技术。

典型版本如下：

（1）RHEL（Red Hat Enterprise Linux，红帽企业版 Linux）是商业版本，源代码公开，技术支持需要付费，提供原厂服务。

（2）Fedora 是基于 Red Hat Linux 的社区版，由 Fedora Project 社区开发、红帽公司赞助。Fedora 会采用新的技术，尝试很多新功能、新特性，取得成功后会应用到 RHEL 版本中，可以理解为是 RHEL 的个人桌面版和前期测试版。

（3）CentOS（community enterprise operating system，社区企业操作系统）可以理解为 RHEL 的社区克隆版，完全免费，并且开源。其独有的 yum 命令支持系统在线升级，可以即时更新。CentOS 稳定性较好，在中国应用比较广泛。

模块名称	获取与部署 Linux	任务名称	Linux 版本选择与获取		
班级		姓名		日期	

3）Slackware 家族

Slackware 作为较早的 Linux 发行版之一，相比其他的主流发行版，一直以来以简洁、安全和稳定著称。它以灵活性和稳定性作为主要目标，但是缺少其他 Linux 发行版本中那些为发行版定制的配置工具。在当今其他发行版都在使用 Systemd 作为启动管理器时，Slackware 依旧使用 BSD 启动风格。

典型版本：

（1）SLES SUSE Linux Enterprise Server 企业版，基于 Slackware Linux 发展而来，由德国的 SuSE Linux AG 公司于 1994 年发行。

（2）OpenSuse 是 SLES 的社区版本。2004 年 Suse Linux AG 被 Novell 公司收购以后，成立了 OpenSuse 社区，推出了 OpenSuse 版本，比较适用于桌面系统。它和 SLES 有点类似于 Fedora 和 RHEL 的关系。

4）其他 Linux 版本

Arch Linux 是一款基于 x86-64 架构的 Linux 发行版，系统主要由自由和开源软件组成，支持社区参与。系统设计以 KISS 原则（保持简单和愚蠢）为总体指导原则，注重代码正确、优雅和极简主义，期待用户能够愿意去理解系统的操作。Arch Linux 操作系统安装、删除和更新软件的软件包管理器叫作 pacman。Arch Linux 采用滚动发行模式来获取系统更新和软件的最新版本，系统安装映像只简单地包含系统主要组件。

Gentoo Linux 是一套通用的、快捷的、完全免费的 Linux 发行版，它面向开发人员和网络职业人员。与其他发行版不同的是，Gentoo Linux 拥有一套先进的包管理系统 Portage。Portage 是一套真正的自动导入系统，Gentoo 中的 Portage 是用 Python 编写的，并且它具有很多先进的特性，包括文件依赖、精细的包管理、OpenBSD 风格的虚拟安装，安全卸载，系统框架文件、虚拟软件包、配置文件管理等。

问题引导 1

目前你最熟悉的 Linux 操作系统版本是什么？用来做什么？

模块名称	获取与部署 Linux	任务名称	VMware Workstation 获取		
班级		姓名		日期	

05 任务实施

1. 分析与规划

在了解了 Linux 各版本之后，按照任务需求合理地选择合适 Linux 操作系统版本，需要从以下几方面进行考虑：

（1）稳定的服务器环境。建议用户选择开源的 CentOS 64 位版本或者选择商用的 Red Hat Enterprise Linux 版本。选择商用版可以获得厂商的技术支持，但是需要支付许可费用。

（2）代替 Windows 操作系统作为个人桌面系统，建议用户尝试一下 Ubuntu、Linux Mint 以及国产的深度操作系统。

（3）用于深度学习、深度定制 Linux，则可以尝试 Gentoo Linux 操作系统。

本任务中，公司部署小型门户网站，所以需要稳定的服务器环境。同时，考虑小型网站的业务量，小江通过各方面考察，从业务角度分析 CentOS 的优点如下：

（1）稳定性：CentOS 是基于 RHEL 的一个发行版，同时继承 RHEL 高稳定与高可靠的特点，经过了严格的测试和审查，可以为企业级应用提供高度稳定的运行环境，商用实践已经较长时间。

（2）安全性：CentOS 提供了丰富的安全特性和工具，如 SELinux 和防火墙等，可以帮助保障系统的安全性。

（3）免费和开源：CentOS 是免费的开源软件，用户可以自由地使用、修改和分发。

（4）技术支持：CentOS 拥有广泛的社区支持和丰富的文档资源，用户可以很容易地获取相关的技术支持和帮助。

通过以上考虑及分析，小江选择 CentOS 这个开源系统作为服务器操作系统，同时选择较为成熟的 CentOS 7 版本。

2. 镜像下载

镜像下载过程通过分析镜像的类型，选择 CentOS-7-x86_64-DVD-1804.iso 镜像文件，并在国内开源网站——阿里开源镜像网站下载，具体详情如下：

1）Linux 镜像的下载格式

（1）ISO 镜像文件，具体种类参见“2）镜像文件说明”。

（2）torrent 文件（BitTorrent 协议的种子文件）。

2）镜像文件说明

（1）CentOS-7-x86_64-DVD-1804.iso：推荐下载镜像，包含了 CentOS 7 的基本应用，如常用应用、桌面环境等软件包。该 ISO 镜像适用于大多数用户。

（2）CentOS-7-x86_64-NetInstall-1804.iso：适用于网络安装 CentOS 7，但是对用户的网络要求比较高，如果网络质量差会花费大量的时间。

模块名称	获取与部署 Linux	任务名称	Linux 版本选择与获取		
班级		姓名		日期	

（3）CentOS-7-x86_64-NetInstall-1804.iso：包含 CentOS 7 的所有软件，镜像文件大。

（4）CentOS-7-x86_64-Minimal-1804.iso：仅含 CentOS 7 正常运行的基本软件，适合对 CentOS 7 熟悉的用户。

3）镜像的下载（本书内容选择 CentOS-7-x86_64-DVD-1804.iso 镜像）

（1）访问所需版本的官方网站下载。

（2）访问国内的开源镜像网站下载：网易开源镜像网站、中科大开源镜像网站、阿里开源镜像网站。

问题引导 2

对比分别采用推荐镜像、Minimal 镜像首次安装系统后的差异。

06 活页笔记

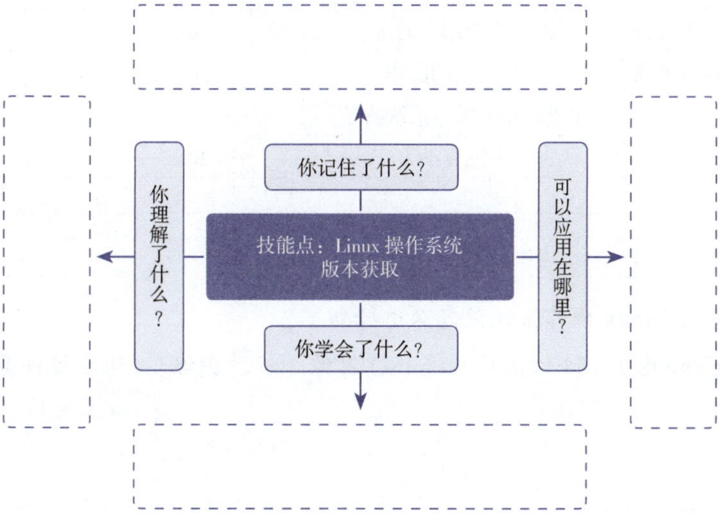

模块名称	获取与部署 Linux	任务名称	VMware Workstation 获取		
班级		姓名		日期	

自我分析与总结：

07 评价反馈

评价细目	评价标准	分值	得分
Linux 操作系统版本选择	版本适合用户需求	30	
Linux 操作系统版本下载	下载正确的版本	20	
验证	完成 Linux 操作系统安装	30	
学习态度	认真自主完成学习实践	20	

08 作业与训练

（1）新手学习 Linux 操作系统该怎么选择版本？

（2）下载 CentOS 7 X64 位操作系统 ISO 镜像（推荐镜像），为后续任务做准备。

<table>
<tr><td>课程名称</td><td>Linux 操作系统应用</td><td colspan="4">模块一　获取与部署 Linux</td></tr>
<tr><td>班级</td><td></td><td>学时</td><td>4</td><td>日期</td><td></td></tr>
<tr><td colspan="6">任务二　VMware Workstation 获取</td></tr>
<tr><td>专业群</td><td>专业群内所有专业</td><td colspan="2">学时</td><td colspan="2">1</td></tr>
</table>

01 任务描述

小明接到任务需要一台服务器安装 Linux 系统，现在只有一台服务器安装了正在使用的 Windows 操作系统，他希望这台计算机既能使用 Windows 操作系统又能使用 Linux 操作系统。双系统搭建太烦琐，部分指令或者软件可能对原有操作系统具有破坏性，需要解决这个问题。

02 导　学

温馨提示	关键知识点	关键技能
学习完成本任务后，知识和技能可以达到 95% 以上 重点系数：★★★★★ 难度系数：★★	VMware Workstation 收费版本 VMware Workstation 免费版本 VMware Workstation 网络模式	版本选择 虚拟网络

03 学习目标

素质目标	◎具有解决问题的能力和持续学习的态度。
技能目标	◎能够依据实际需求选择合适的 VMware Workstation 版本。 ◎能够下载所需的 VMware Workstation 版本。 ◎掌握 VMware Workstation 虚拟网络。
知识目标	◎理解 VMware Workstation 应用场景。 ◎理解 VMware Workstation 特性。 ◎理解 VMware Workstation 虚拟网络特性。

模块名称	获取与部署 Linux	任务名称	VMware Workstation 获取		
班级		姓名		日期	

04 相关知识

1. VMware Workstation 简介

VMware Workstation 是 VMware 公司旗下的一款功能强大的桌面虚拟计算机软件，提供用户可在单一的桌面环境下同时运行不同的操作系统，以及进行开发、测试、部署新的应用程序的最佳解决方案。VMware Workstation 可在一部实体机器上模拟完整的网络环境，可以快捷方便地实现虚拟机的迁移。对于企业的 IT 开发人员和系统管理员而言，VMware 在虚拟网络、实时快照、拖动共享文件夹、支持 PXE 等方面的特点使其成为必不可少的工作工具。目前较新版本为 VMware Workstation pro 16，其主要特征如下：

（1）虚拟机：依靠支持 vSphere 的同一 Hypervisor 技术运行虚拟机和客户机操作系统。

（2）容器 Kubernetes 集群：Windows 开发人员可借助新的 CLI 工具 vctl 构建和运行可实现虚拟机级隔离和网络连接的容器和 Kubernetes 集群。

（3）高性能 3D 图形：在运行 3D 应用时获得顺畅且响应迅速的体验。Workstation Pro 现在支持在虚拟机和游戏中使用 DirectX 11 和 OpenGL 4.1。

（4）强大的虚拟网络连接：为虚拟机创建和配置复杂的 IPv4 和 IPv6 虚拟网络，并增加了网络延迟和带宽模拟功能以帮助重新创建真实场景。

本书如果没有特殊说明，实验都是在 VMware Workstation 上运行 Linux 的发行版 CentOS 7。

2. VMware Workstation 功能概述

VMware Workstation 支持运行多个操作系统及虚拟硬件环境，具体如下：

（1）支持多种操作系统：客户机操作系统可以是 Windows、Linux 及其他常用操作系统。

（2）虚拟机处理器支持的相关配置功能：

①虚拟机将能够使用与主机系统（即运行虚拟化软件的物理计算机）相同的处理器特性，包括处理器架构、指令集等。这种兼容性确保了虚拟机能够高效地在主机上运行，并充分利用主机的处理器性能。

②无论主机系统拥有一个还是多个逻辑处理器（逻辑处理器通常是通过超线程技术实现的，一个物理处理器核心可以模拟成多个逻辑处理器），虚拟机都可以配置为使用一个虚拟处理器。

③如果主机系统至少有两个逻辑处理器，那么虚拟机可以配置为使用最多 16 个虚拟处理器。这种配置称为虚拟对称多处理（虚拟 SMP），它允许虚拟机像物理机一样，同时运行多个线程或任务，从而提高性能和效率。

（3）虚拟机芯片集和 BIOS 支持：虚拟机支持某些虚拟机芯片集和 BIOS 功能。

（4）虚拟机内存分配：可分配到单个主机系统中运行的所有虚拟机的内存总量仅受主机

模块名称	获取与部署 Linux	任务名称	VMware Workstation 获取		
班级		姓名		日期	

RAM 量限制。在 64 位主机中，每个虚拟机的最大内存容量为 64 GB。在 32 位主机中，每个虚拟机的最大内存容量为 8 GB。Workstation Pro 会阻止在 32 位主机中启动配置为使用 8 GB 以上内存的虚拟机。32 位操作系统的内存管理限制会导致虚拟机内存过载，并因此严重影响系统性能。

（5）支持虚拟机图形和键盘：虚拟机支持特定的图形功能。

（6）支持虚拟机 IDE 驱动器：虚拟机支持特定 IDE 驱动器和功能。

（7）支持虚拟机 SCSI 设备：虚拟机支持特定 SCSI 设备和功能，具体如下：

①最多支持 60 个 SCSI 设备。

②SCSI 虚拟磁盘的容量最高可以为 8 TB。

③硬盘可以是虚拟磁盘或物理磁盘。

④通用 SCSI 支持使用户无须在主机操作系统中安装驱动程序，即可在虚拟机中使用 SCSI 设备。通用 SCSI 支持适用于扫描仪、CD-ROM 驱动器、DVD 驱动器、磁带驱动器，以及其他 SCSI 设备。

⑤支持 LSI Logic LSI53C10xx Ultra320 SCSI I/O 控制器。

（8）支持虚拟机软盘驱动器：虚拟机可以安装软盘驱动器。

（9）支持虚拟机串行和并行端口：虚拟机支持串行（COM）端口和并行（LPT）端口。

（10）支持虚拟机 USB 端口：虚拟机可以拥有 USB 端口，并支持特定 USB 设备，具体如下：

①最多支持 4 个串行（COM）端口。输出可以发送到串行端口、Windows 或 Linux 文件，或者命名的管道。

②最多支持 3 个双向并行（LPT）端口。输出可以发送到并行端口或主机操作系统文件。

（11）虚拟机支持某些类型的鼠标和绘图板：支持 PS/2 和 USB 类型的鼠标；支持串行绘图板；支持 USB 绘图板。

（12）支持虚拟机以太网卡：

①虚拟机最多支持 10 个虚拟以太网卡。

②支持 AMD PCnet-PCI Ⅱ以太网适配器。对于 64 位客户机，也支持 Intel Pro/1000 MT 服务器适配器。

（13）支持虚拟机网络连接：

①在 Windows 主机操作系统中，最多支持 10 个虚拟以太网交换机。在 Linux 主机操作系统中，最多支持 255 个虚拟以太网交换机。

②默认情况下会配置 3 个交换机，分别用于桥接模式网络连接、仅主机模式网络连接和 NAT 模式网络连接。

模块名称	获取与部署 Linux	任务名称	VMware Workstation 获取		
班级		姓名		日期	

③支持大多数基于以太网的协议，包括 TCP/IP、NetBEUI、Microsoft Networking、Samba、Novell NetWare 和网络文件系统（NFS）。

④内置 NAT 模式网络连接支持使用 TCP/IP、FTP、DNS、HTTP 和 Telnet 的客户端软件，还支持 VPN，从而实现 PPTP over NAT。

（14）支持虚拟机声音：Workstation Pro 支持所有 Windows 和 Linux 客户机操作系统中的声音。

3. VMware Workstation 虚拟网络连接组件

VMware Workstation 中的虚拟网络连接组件包括虚拟交换机、虚拟网络适配器、虚拟 DHCP 服务器和 NAT 设备。

（1）虚拟交换机：与物理交换机相似，虚拟交换机也能将网络连接组件连接在一起。虚拟交换机又称虚拟网络，其名称为 VMnet0、VMnet1、VMnet2，依此类推。默认虚拟网络交换机包括桥接模式（VMnet0）、NAT 模式（VMnet8）、仅主机模式（VMnet1）。

（2）虚拟网络适配器：虚拟网络适配器在客户机操作系统中显示为 AMD PCNET PCI 适配器或 Intel Pro/1000 MT 服务器适配器。

（3）虚拟 DHCP 服务器：可在未桥接到外部网络的配置中向虚拟机提供 IP 地址。

（4）NAT 设备：NAT 配置中的 NAT 设备可在一个或多个虚拟机以及外部网络之间传送网络数据，识别用于每个虚拟机的传入数据包，并将它们发送到正确的目的地。

4. VMware Workstation 常见网络连接配置

VMware Workstation 常见的网络连接模式分别是桥接模式、NAT 模式、仅主机模式，同时也可以通过虚拟网络连接组件自定义网络连接。

（1）桥接模式：桥接模式网络通过使用主机系统上的网络适配器将虚拟机连接到网络。如果主机系统位于网络中，桥接模式网络连接通常是虚拟机访问该网络的最简单途径。

（2）NAT 模式：使用 NAT 模式的网络时，虚拟机在外部网络中不必具有自己的 IP 地址。主机系统上会建立单独的专用网络。在默认配置中，虚拟机会在此专用网络中通过 DHCP 服务器获取地址。虚拟机和主机系统共享一个网络标识，此标识在外部网络中不可见。其网络拓扑图如图 1-2-1 所示。

（3）仅主机模式：仅主机模式网络连接可创建完全包含在主机中的网络。仅主机模式网络连接使用对主机操作系统可见的虚拟网络适配器，在虚拟机和主机系统之间提供网络连接。其网络拓扑图如图 1-2-2 所示。

模块名称	获取与部署 Linux	任务名称	VMware Workstation 获取		
班级		姓名		日期	

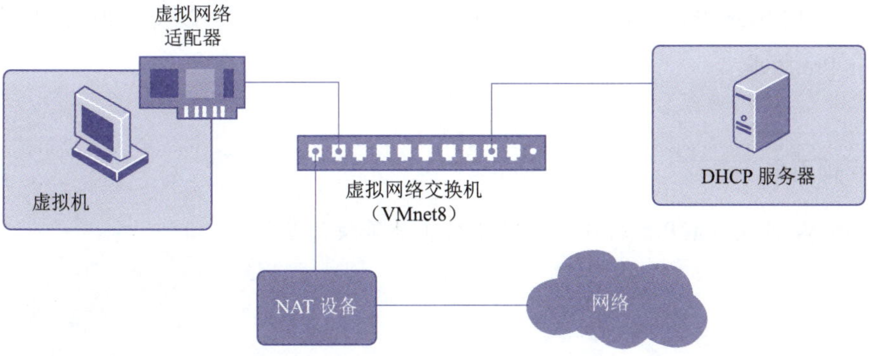

图 1-2-1 NAT 模式网络拓扑图

图 1-2-2 仅主机模式网络拓扑图

（4）自定义网络模式：利用 Workstation Pro 虚拟网络连接组件，可以创建复杂的虚拟网络。虚拟网络可以连接到一个或多个外部网络，也可以在主机系统中完整独立地运行。

5. VMware Workstation 虚拟网络编辑器的功能

VMware Workstation 虚拟网络编辑器可以实现：查看和更改关键网络连接设置，添加和移除虚拟网络以及创建自定义虚拟网络连接配置。特别需要注意的是，在虚拟网络编辑器中所做的更改影响在主机系统中运行的所有虚拟机。具体如下：（1）添加桥接模式虚拟网络；添加仅主机模式虚拟网络；（2）重命名虚拟网络；（3）更改自动桥接设置；（4）更改 NAT 设置；（5）在 Windows 主机中更改 DHCP 设置；（6）在 Windows 主机上导入和导出网络设置。

6. VMware Workstation 版本

VMware Workstation 版本分为：（1）VMware Workstation Pro（商业版），全功能开放，没有许可证可以免费试用 30 天。（2）VMware Workstation Player（免费版），不支持的功能有：快照、创建 / 管理加密虚拟机、虚拟网络自定义（NAT、网络重命名）、虚拟网络模拟、vSphere 远程主机电源控制、创建链接克隆、创建完整克隆、将虚拟机加密等。

模块名称	获取与部署 Linux	任务名称	VMware Workstation 获取		
班级		姓名		日期	

用户使用 VMware Workstation Player 版本只需要输入许可证就可以很方便地升级到 VMware Workstation Pro 版本。

问题引导

VMware Workstation Pro 的网络自定义功能是否使用？

05 任务实施

1. 规划

通过知识链接内容的学习，我们理解了 VMware Workstation 在操作系统支持、虚拟化硬件及虚拟网络方面的功能支持，小明决定在物理服务服务器上安装 VMware Workstation Pro，并在 VMware Workstation Pro 上安装 CentOS 7，这样可以保证 CentOS 7 与物理机原有系统互不干扰。

2. 软件下载

VMware Workstation 依据适应安装平台可以分为 Windows 操作系统平台和 Linux 操作系统平台。这里选择 Windows 操作系统平台。

（1）基于 Windows 操作系统平台的 VMware Workstation Player 下载地址下载。

（2）基于 Linux 平台官方下载地址下载。

基于 Linux 操作系统平台部署 VMware Workstation Pro 时，Linux 操作系统需要安装桌面环境。当使用自定义网络功能时需要避免和本地网络冲突。

模块名称	获取与部署 Linux	任务名称	VMware Workstation 获取		
班级		姓名		日期	

3. VMware Workstation 安装步骤

（1）VMware Workstation 的安装步骤非常简单，下载基于 Windows 操作系统平台的 VMware Workstation Pro 版本，安装文件如图 1-2-3 所示。

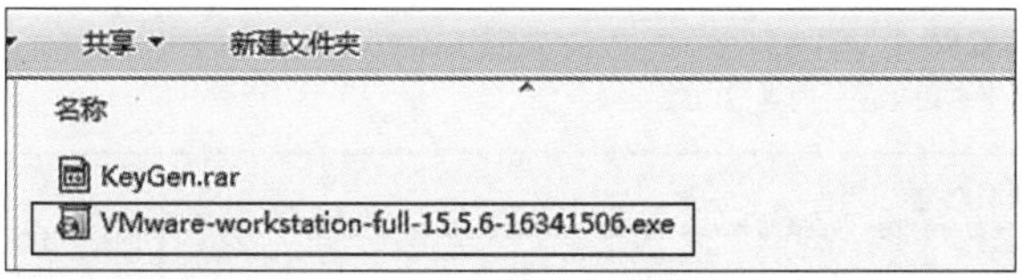

图 1-2-3　VMware Workstation 安装文件

（2）双击 VMware-workstation-full-15.5.6-16341506.exe 运行安装，单击“下一步”按钮，如图 1-2-4 所示。

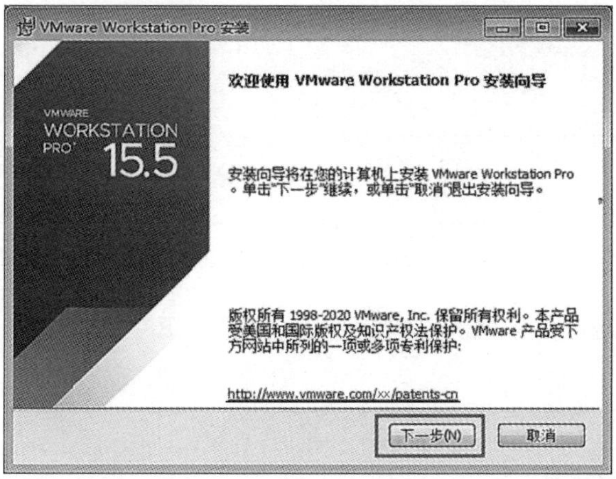

图 1-2-4　VMware Workstation 安装向导界面

（3）选中“我接受许可协议中的条款”复选框，单击“下一步”按钮，如图 1-2-5 所示。

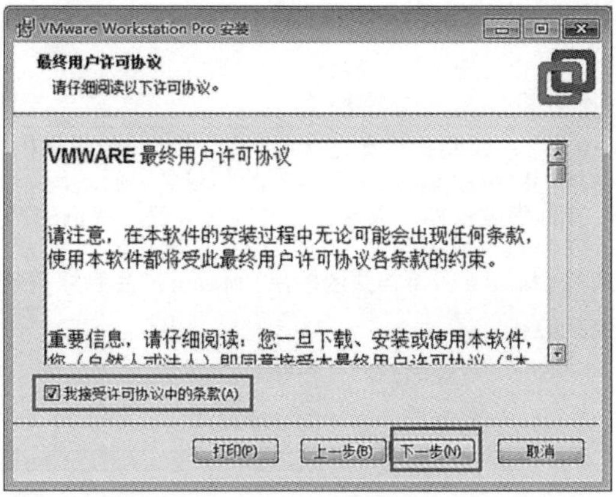

图 1-2-5　VMware Workstation 授受许可界面

模块名称	获取与部署 Linux	任务名称	VMware Workstation 获取		
班级		姓名		日期	

（4）单击“更改”按钮选择软件安装路径，也可以按照默认路径不进行修改，单击“下一步”按钮，如图 1-2-6 所示。

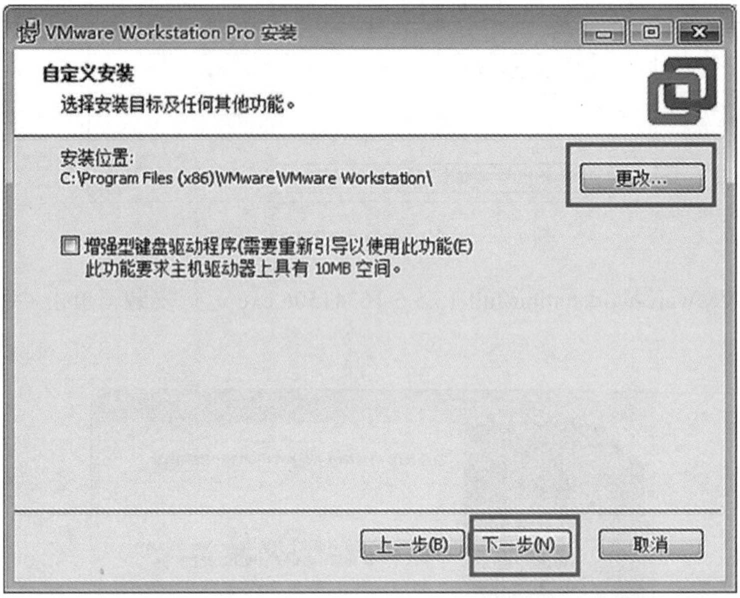

图 1-2-6　VMware Workstation 安装位置界面

（5）在“用户体验设置”界面取消勾选选项，单击“下一步”按钮，如图 1-2-7 所示。

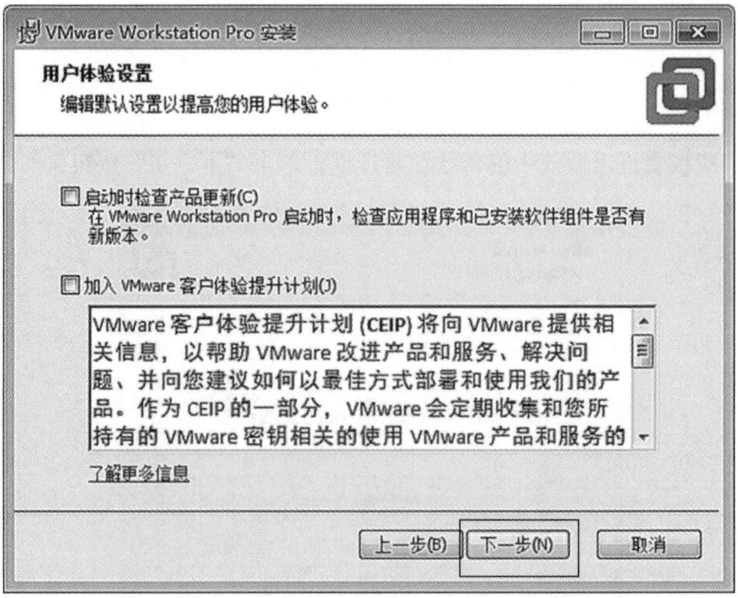

图 1-2-7　VMware Workstation 用户体验设置界面

模块名称	获取与部署 Linux	任务名称	VMware Workstation 获取		
班级		姓名		日期	

（6）选择需要安装的快捷方式，单击“下一步”按钮，如图 1-2-8 所示。

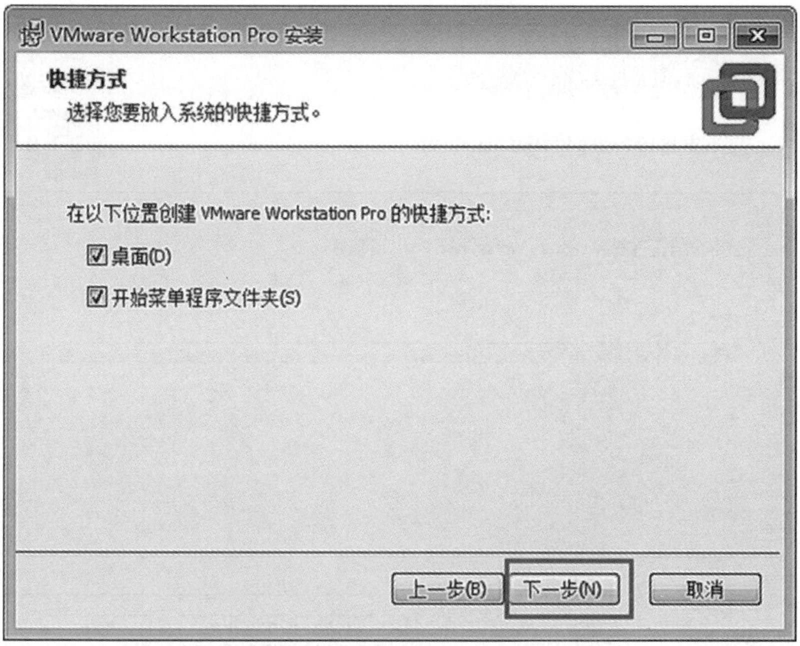

图 1-2-8　VMware Workstation 设置快捷方式界面

（7）单击“安装”按钮开始安装，如图 1-2-9 所示。

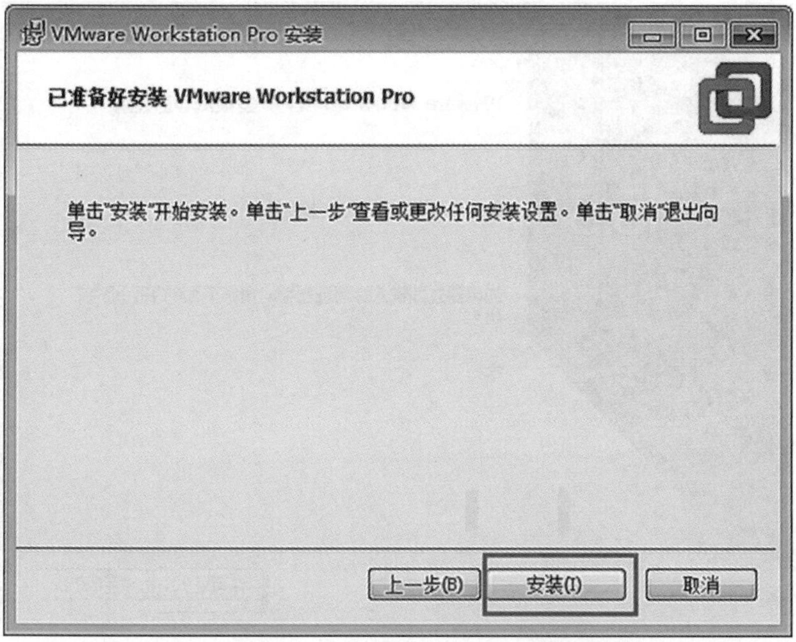

图 1-2-9　VMware Workstation 准备安装界面

模块名称	获取与部署 Linux	任务名称	VMware workstation 获取		
班级		姓名		日期	

（8）安装过程只需要等待，界面如图 1-2-10 所示。安装完成后单击“许可证”按钮，如图 1-2-11 所示。

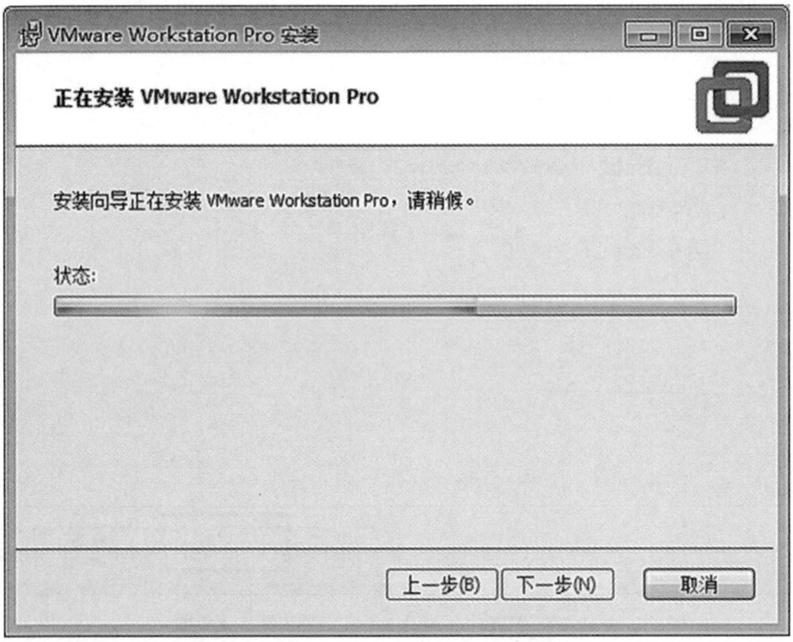

图 1-2-10　VMware Workstation 正在安装界面

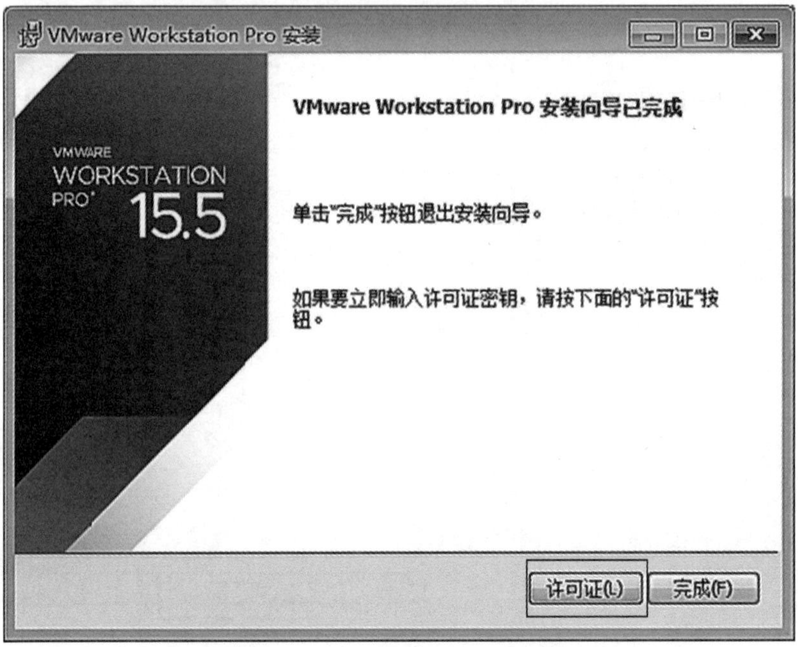

图 1-2-11　VMware Workstation 安装向导完成界面

模块名称	获取与部署 Linux	任务名称	VMware Workstation 获取		
班级		姓名		日期	

（9）输入许可证密钥，单击“输入”按钮，如图 1-2-12 所示。

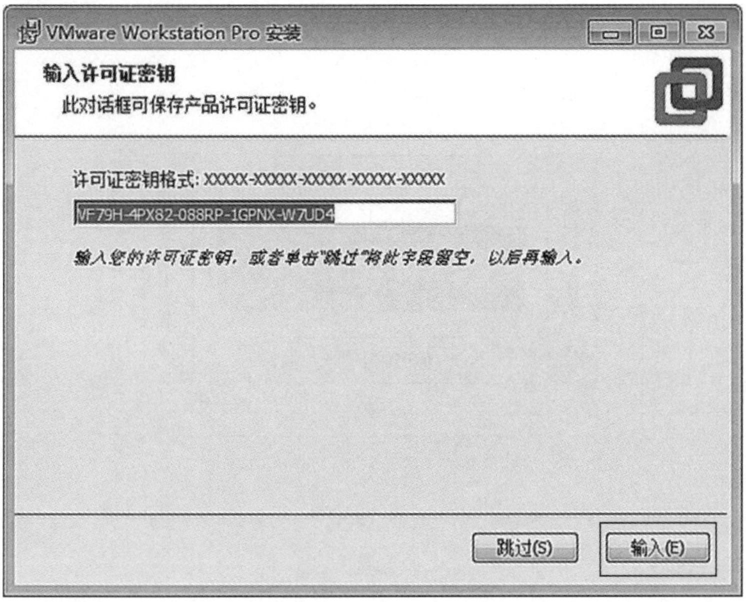

图 1-2-12　VMware Workstation 授受许可界面

（10）单击“完成”按钮，安装成功，如图 1-2-13 所示。

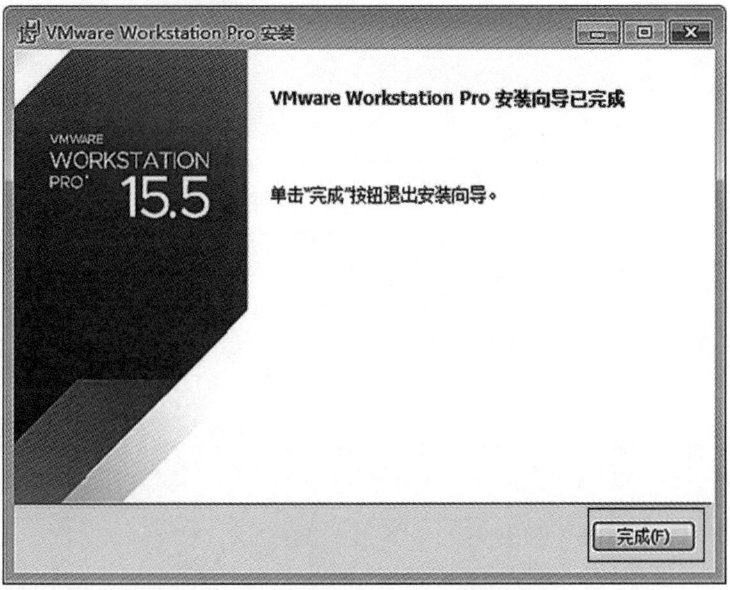

图 1-2-13　VMware Workstation 安装完成界面

模块名称	获取与部署 Linux	任务名称	VMware Workstation 获取		
班级		姓名		日期	

06 活页笔记

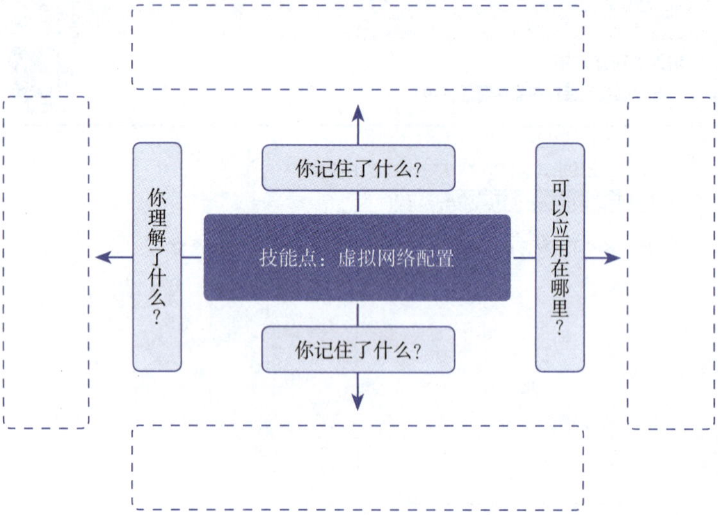

自我分析与总结：

模块名称	获取与部署 Linux	任务名称	VMware Workstation 获取		
班级		姓名		日期	

07 评价反馈

评价细目	评价标准	分值	得分
VMware Workstation 版本	版本适合用户需求	30	
VMware Workstation 版本下载	下载正确的版本	20	
验证	完成 Linux 操作系统安装	30	
学习态度	认真自主完成学习实践	20	

08 作业与训练

（1）新手学习 VMware Workstation 怎么选择版本？

（2）下载 VMware Workstation Pro 试用版，为后续任务做准备。

<table>
<tr><td>课程名称</td><td>Linux 操作系统应用</td><td colspan="4">模块一　获取与部署 Linux</td></tr>
<tr><td>班级</td><td></td><td>学时</td><td>4</td><td>日期</td><td></td></tr>
<tr><td colspan="6">任务三　基于 VMware Workstation 安装 CentOS 7</td></tr>
<tr><td>专业群</td><td>群内所有专业</td><td>学时</td><td colspan="3">2</td></tr>
</table>

01 任务描述

小明接到任务需要为一台服务器安装 Linux 操作系统，通过分析公司业务需求，选择 CentOS 发行版。现在只有一台服务器安装了正在使用的 Windows 操作系统，并安装了 VMware Workstation，需要在 VMware Workstation 安装 CentOS 7 虚拟机，并通过 Windows 主机系统上的网络适配器连接到网络。

02 导　学

温馨提示	关键知识点	关键技能
学习完成本任务后，知识和技能可以达到 95% 以上 重点系数：★★★★★ 难度系数：★★★	CentOS Linux CentOS Stream CentOS Linux 安装	版本选择 CentOS 安装

03 学习目标

素质目标	◎具有解决问题的能力和持续学习的态度。
技能目标	◎能够依据实际需求选择合适的 CentOS 版本。 ◎能够下载所需的 CentOS 版本。 ◎掌握 CentOS 7 的安装部署。
知识目标	◎了解 CentOS 应用场景。 ◎理解 CentOS 特性。 ◎掌握 CentOS 7 安装的要点。

模块名称	获取与部署 Linux	任务名称	基于 VMware Workstation 安装 CentOS 7		
班级		姓名		日期	

04 相关知识

CentOS（community enterprise operating system，社区企业操作系统）是 Linux 发行版之一，是免费、开源且可以重新分发的开源操作系统。CentOS Linux 发行版本是一个稳定、可预测、可管理、可复现的平台，源于 Redhat Enterprise Linux（RHEL），依据开放源代码规定释出的代码编译而成，现已获取大量用户的支持。目前 CentOS 主要分为 CentOS Linux 和 CentOS Stream 两个版本，其主要区别如下：

（1）CentOS Linux 版为传统 CentOS，系统的基本源代码由 RHEL 对应版本的开源代码提供，版本略落后于 RHEL，更新特性速度较 RHEL 慢。

（2）CentOS Stream 版则为滚动更新版，系统的基本源代码也由 RHEL 对应版本的开源代码提供，但代码更加激进，比 RHEL 更新特性更快。

1. CentOS 7 安装要点

通过任务一完成了 CentOS 7 的 ISO 文件的选择与下载，通过任务二完成了 VMware Workstation 机制的理解及安装，作为 CentOS 7 的虚拟机环境。本任务需要在前两个任务基础上安装 CentOS 7，安装要点如下：

（1）语言支持：CentOS 为多语言版本，用户可以依据实际需求选择合适的语言。

（2）时区时间：默认设置与用户选择的语言相关。

（3）软件选择：默认情况下，系统是最小化安装。用户可以根据实际需求选择所需软件包，建议用户安装时选择“带 GUI 的服务器”。

（4）磁盘分区：默认情况下，磁盘采用自动分区模式。用户可以采用手动方式分区。CentOS Linux 操作系统需要具备根分区、交换分区、boot 分区。

（5）设置网络连接和主机名：本系统的网络使用桥接网络，通过物理机直接访问外部网络。

2. CentOS7 文件系统概述

Linux 的磁盘文件系统主要有 ext3、ext4、XFS 等，这些都是 Linux 本地主机中可以实际访问到的文件系统。其中，ext4 是目前广泛使用的文件格式，具有日志文件系统的特点；XFS 则适用于高性能和高读写速度的应用场景。本书使用的 CentOS 7 版本选择 XFS 磁盘文件系统，几个文件系统特点说明如下：

（1）ext3（third extended filesystem）：是一款日志文件系统，能够在系统异常宕机时避免文件系统资料丢失，并能自动修复数据的不一致与错误。其特点主要如下：

①高可用性：系统使用 ext3 文件系统后，即使非正常关机，系统也不需要检查文件系统。

②数据的完整性：避免了意外宕机对文件系统的破坏。

模块名称	获取与部署 Linux	任务名称	基于 VMware Workstation 安装 CentOS 7		
班级		姓名		日期	

③文件系统的速度：ext3 的日志功能对磁盘的驱动器读 / 写头进行了优化。

④支持最大 16 TB 文件系统和最大 2 TB 文件。

⑤支持 32 000 个子目录。

（2）ext4（fourth extended filesystem）：是 ext3 的改进版，修改了 ext3 中部分重要的数据结构，可以提供更佳的性能和可靠性，且具有更为丰富的功能。其主要特点如下：

①ext4 与 ext3 兼容：执行若干条命令，就能从 ext3 在线迁移到 ext4，而无须重新格式化磁盘或重新安装系统。

②更大的文件系统和更大的文件：ext4 支持高达 1 EB（exabyte）的文件系统容量，以及最大 16 TB 的单个文件大小，满足了大数据存储的需求。

③无限数量的子目录：ext4 打破了子目录数量的限制，使得用户可以创建无限数量的子目录。

④extents：ext4 引入了现代文件系统中流行的 extents 概念，每个 extent 为一组连续的数据块，相比 ext3 采用间接块映射，提高了不少效率。

⑤块分配：ext4 的多块分配器 multiblock allocator（mballoc）支持一次调用分配多个数据块。

⑥延迟分配：ext4 支持延迟分配策略，这有助于优化磁盘空间的使用和减少碎片。

⑦快速 fsck：ext4 的文件系统检查工具（fsck）得到了优化，使得在文件系统出现问题时，能够更快速地恢复和修复。

⑧日志校验：ext4 增加了日志校验功能，提高了数据的一致性和可靠性。

⑨无日志模式：在某些特定场景下，用户可以选择关闭日志功能，以提高性能。但要注意，这可能会降低数据的一致性保护。

⑩在线碎片整理：ext4 支持在线碎片整理功能，有助于保持文件系统的整洁和高效。

⑪inode 相关特性：ext3 默认 inode 大小为 128 字节，ext4 默认 inode 大小为 256 字节。

（3）Xfs（X File System）：是一种高性能的日志文件系统，而且是 RHEL 7/CentOS 7 中默认的文件管理系统，优势在发生意外宕机后尤其明显，即可以快速地恢复可能被破坏的文件，而且强大的 日志功能只用花费极低的计算和存储性能。并且它最大可支持的存储容量为 18 EB。

问题引导 1

网上查阅相关资料，对比 CentOS 7 与 CentOS 8 两个版本有什么区别。

模块名称	获取与部署 Linux	任务名称	基于 VMware Workstation 安装 CentOS 7		
班级		姓名		日期	

3. CentOS 7 桌面环境概述

CentOS 7 桌面环境类似于 Windows 操作系统的图形化桌面，可以在一定程度上降低 CentOS 7 的使用难度。目前，CentOS 7 镜像文件中包含 3 个桌面环境，分别是 Server with GUI、GNOME Desktop、KDE Plasma Workspaces。各种桌面环境各有特点，具体如下：

（1）Server with GUI：带有用于操作网络基础设施服务 GUI 的服务器。

（2）GNOME Desktop：是一个简单易用的桌面环境，由 GNOME 项目设计并完全由自由和开源的软件组成，其最大的公司贡献者为 Redhat 公司。GNOME Desktop 包含基本的桌面环境和一些集成良好的应用程序，如系统管理工具、浏览器等。其特点主要表现为以下内容：

①自由：GNOME 是完全公开的（自由的软件），它是由世界上许多软件开发人员所研发出来的，可以自由地取得它的源代码。

②模式简单。

③支持多种语言。

（3）KDE Plasma Workspaces：是强大的自由图形桌面环境，广泛应用于 Linux 操作系统。用户可以非常轻松地通过配置 Plasma 桌面来提升工作效率。

4. CentOS 7 常用软件包介绍

（1）Minimal Install：最小化配置安装。

（2）Infrastructure Server（基础设施服务器）：服务器基础安装不含桌面环境。

（3）File and Print Server（文件及打印服务器）：用于企业文件、打印及存储服务器。

（4）Bask Web Server（基本网页服务器）：基本系统平台，包含 PHP、Web Server、MySQL、PostgreSQL 数据库的客户端，无桌面。

（5）Virtualization Host（虚拟化机）：包含提供 KVM 和 Virtual Machine Manager 工具以创建用于虚拟机器的主机。

（6）Server with GUI（带 GUI 的服务器）：带有用于操作网络基础设施服务 GUI 的服务器。

（7）GNOME Desktop（GNOME 桌面）：GNOME 桌面环境。

（8）KDE Pasma Workspaces（KDE 桌面）：其中包括面板、桌面、系统图标及很多功能强的 KDE 应用程序。

5. CentOS 7 配置网络

CentOS 7 安装时选择桥接服务，如果物理机能够上网，首次启动便可以直接上网。如果需要简单配置，具体配置步骤如下（暂时不需要掌握，在后面模块八网络配置中讲解）：

模块名称	获取与部署 Linux	任务名称	基于 VMware Workstation 安装 CentOS 7		
班级		姓名		日期	

（1）将配置文件 /etc/sysconfig/network-scripts/ifcfg-ens33 ONBOOT 的参数 ONBOOT=no 修改为 ONBOOT=yes。

（2）修改完成后重启网络服务。

（3）验证网络服务。

（4）执行的相关命令如下：

```
#修改网卡配置文件参数
sed -i "s/ONBOOT=no/ONBOOT=yes/g" /etc/sysconfig/network-scripts/ifcfg-ens33
#重启网络服务
systemctl restart network
#查看获取的IP地址
ip addr
#验证是否可以访问互联网
ping -c3 www.baidu.com
```

问题引导 2

对比 CentOS 7、CentOS 8 的内核版本是否一致。

05 任务实施

1. 系统安装前准备及规划

此前已经下载了 CentOS 7 镜像文件，下面运行 VMware Workstation 安装 CentOS 7。安装系统注意以下几点：网络使用桥接网络，使用物理机所在网络连接以太网；软件选择需要“带 GUI 的服务器”；配置磁盘大小时，如果虚拟机需要经常在不同主机间迁移，建议选择“将虚拟磁盘拆分成多个文件”，否则建议选择“将虚拟磁盘存储为单个文件”；手动分配分区需要配置根分区、交换分区、boot 分区。

2. 用 VMware 创建 CentOS 7 虚拟机安装步骤

（1）运行 VMware Workstation Pro，选择“文件”→“新建虚拟机”命令，如图 1-3-1 所示。

模块名称	获取与部署 Linux	任务名称	基于 VMware Workstation 安装 CentOS 7		
班级		姓名		日期	

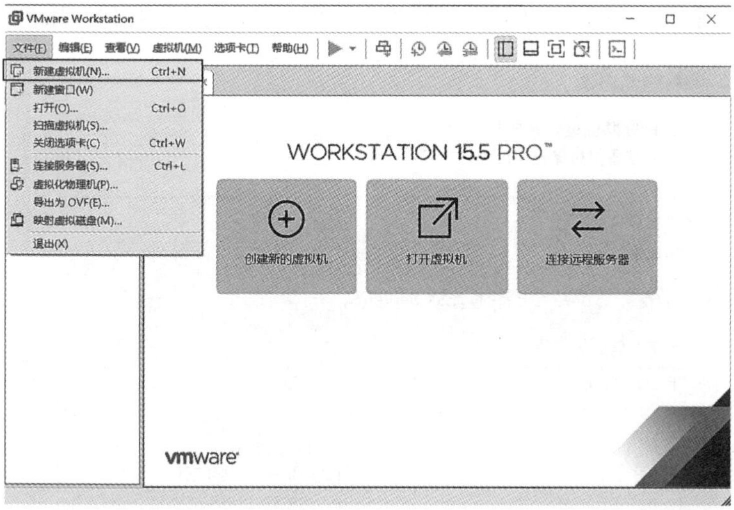

图 1-3-1　VMware Workstation 新建虚拟机

（2）选择“自定义（高级）”单选按钮，单击“下一步”按钮，如图 1-3-2 所示。

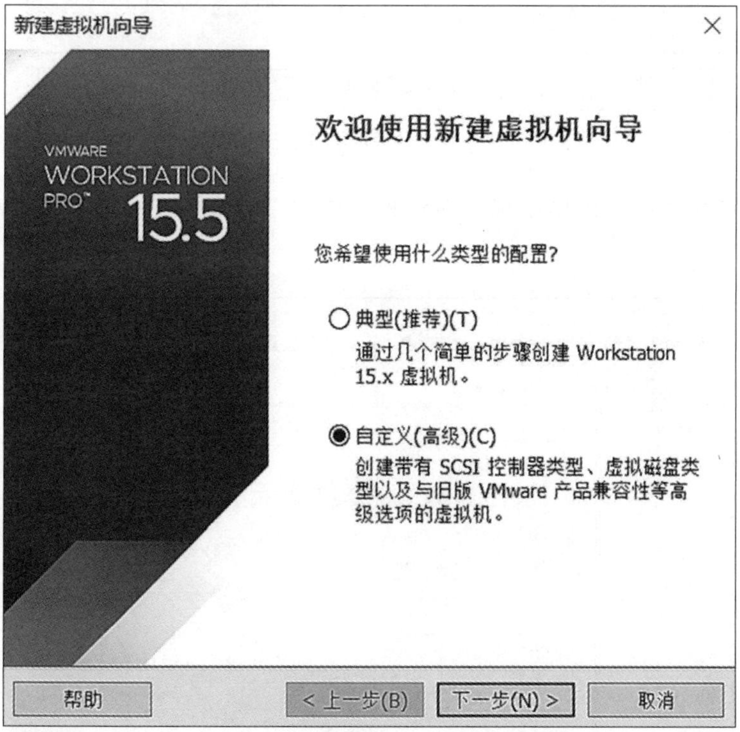

图 1-3-2　选择 VMware Workstation 虚拟机自定义配置

模块名称	获取与部署 Linux	任务名称	基于 VMware Workstation 安装 CentOS 7		
班级		姓名		日期	

（3）虚拟机兼容性设置，这里按照默认设置，单击“下一步”按钮，如图 1-3-3 所示。

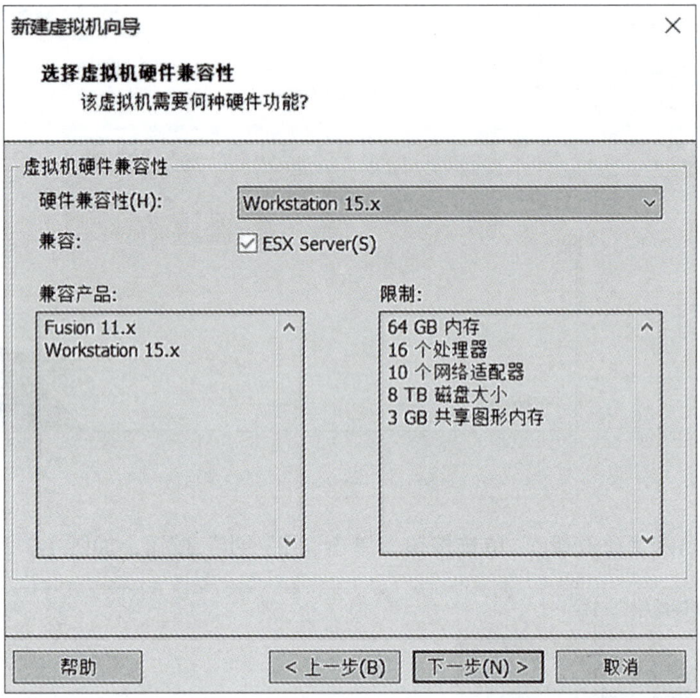

图 1-3-3　选择虚拟机兼容性

（4）在“安装客户机操作系统”对话框，选择“稍后安装操作系统”单选按钮，如图 1-3-4 所示。

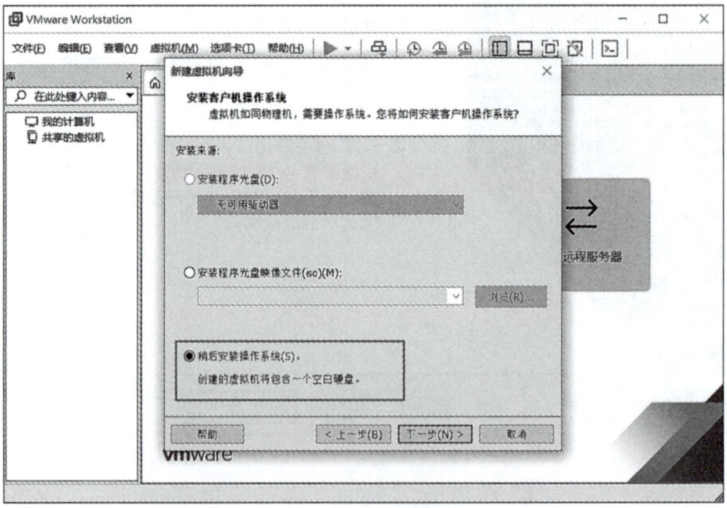

图 1-3-4　“安装客户机操作系统”对话框

模块名称	获取与部署 Linux	任务名称	基于 VMware Workstation 安装 CentOS 7		
班级		姓名		日期	

（5）选择要安装的操作系统，选择 Linux 下的“CentOS 7 64 位”，如图 1-3-5 所示。

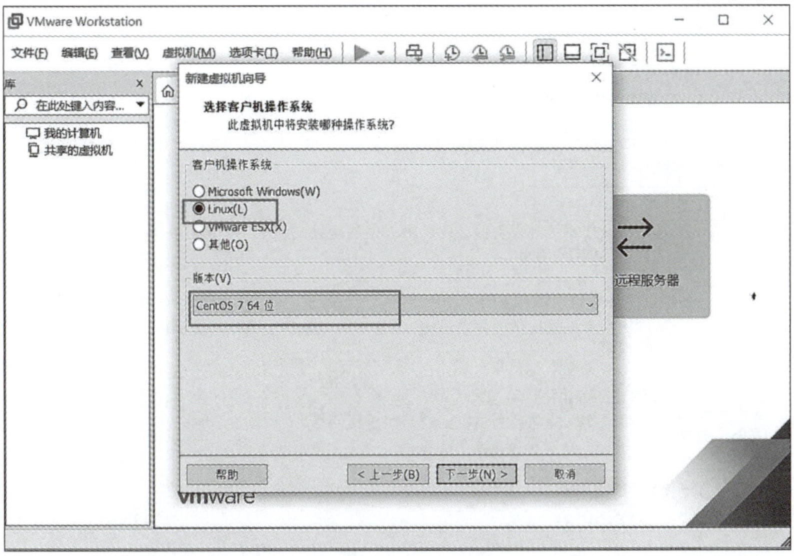

图 1-3-5　选择虚拟机操作系统及版本

（6）配置处理器，内核数量可以填大一点，这样运行快，但不要超过物理机的内核数，如图 1-3-6 所示。

（7）设置虚拟机内存大小，同样不能大于物理机内存，单击“下一步”按钮，如图 1-3-7 所示。

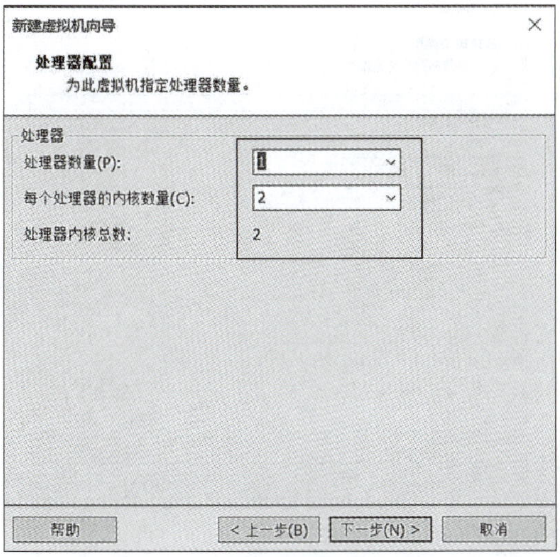

图 1-3-6　配置虚拟机处理器

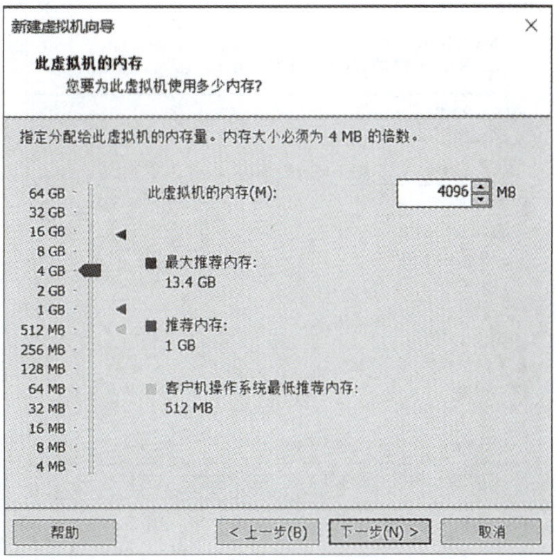

图 1-3-7　配置虚拟机内存

模块名称	获取与部署 Linux	任务名称	基于 VMware Workstation 安装 CentOS 7		
班级		姓名		日期	

（8）网络配置这里选择“使用桥接网络”单选按钮，单击“下一步”按钮，如图 1-3-8 所示。

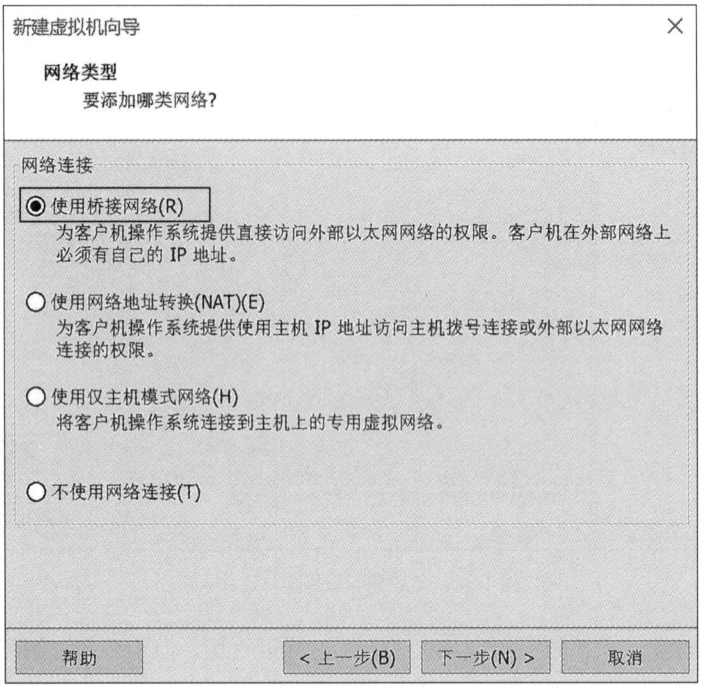

图 1-3-8　虚拟机网络类型选择

（9）以下两步，均选择默认的推荐选项，并单击“下一步”按钮，如图 1-3-9 所示。

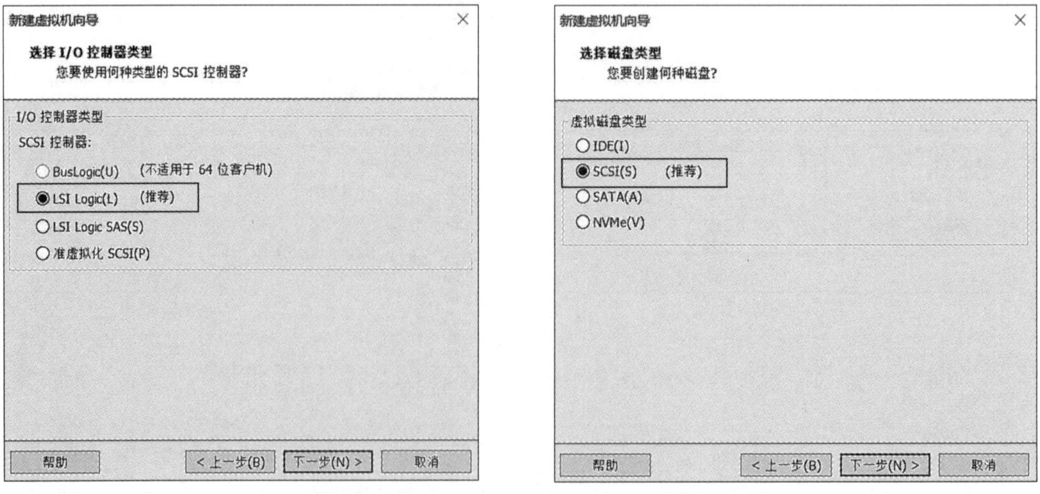

图 1-3-9　虚拟机输入 / 输出控制器及磁盘类型选择

模块名称	获取与部署 Linux	任务名称	基于 VMware Workstation 安装 CentOS 7		
班级		姓名		日期	

（10）选择“创建新虚拟机磁盘”单选按钮，单击“下一步”按钮，如图 1-3-10 所示。

（11）设置虚拟机存放的物理机磁盘容量。选择“将虚拟磁盘拆分成多个文件”单选按钮，单击“下一步”按钮，如图 1-3-11 所示。

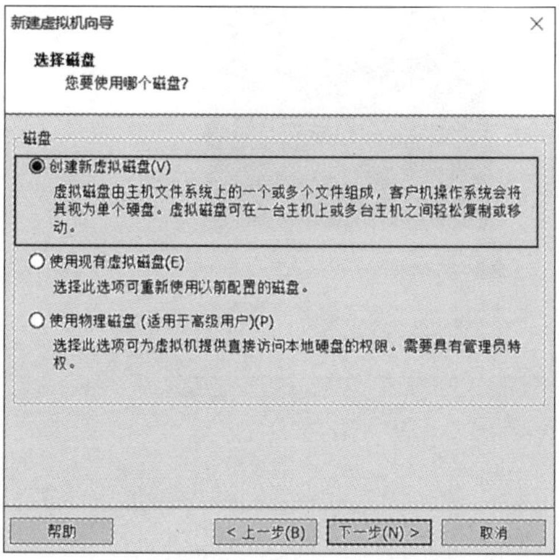

图 1-3-10　创建新虚拟机磁盘

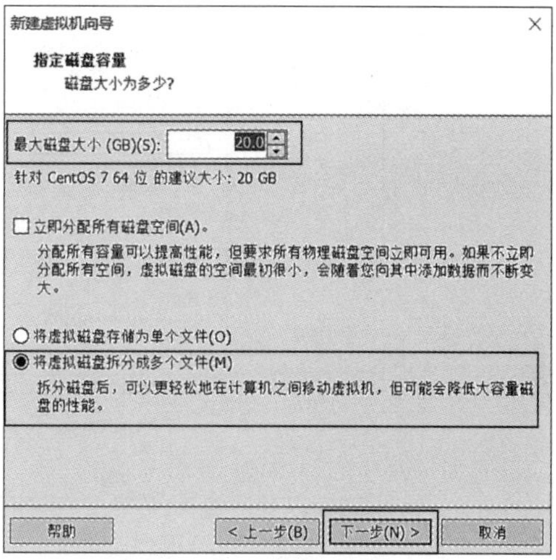

图 1-3-11　设置虚拟机磁盘容量

（12）指定磁盘文件。建议不要放在系统 C 盘，单击“下一步”按钮，如图 1-3-12 所示。

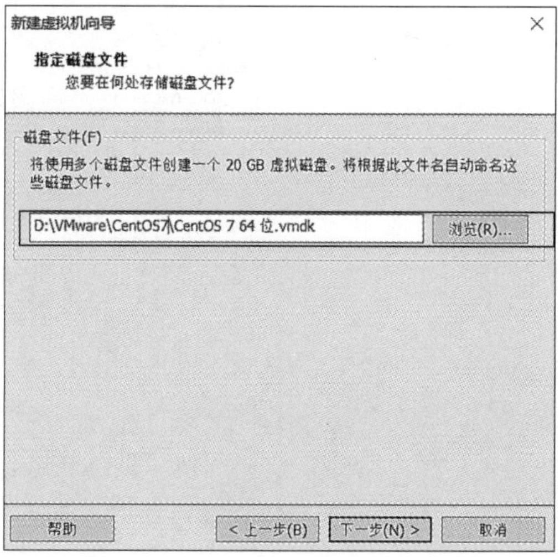

图 1-3-12　选择虚拟机磁盘文件存放路径

（13）单击“完成”按钮后进入以下界面，单击 CD/DVD(IDE)，如图 1-3-13 所示。进入“虚拟机设置”对话框后，右侧选择“使用 ISO 映像文件”单选按钮，选择操作系统（任务一中下载的 CentOS 7）的镜像文件 ISO，单击“确定”按钮，如图 1-3-14 所示。

模块名称	获取与部署 Linux	任务名称	基于 VMware Workstation 安装 CentOS 7		
班级		姓名		日期	

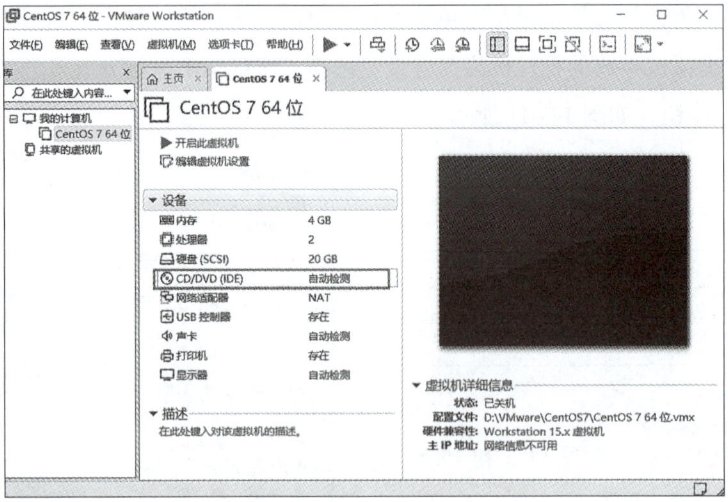

图 1-3-13　设置新建虚拟机安装光盘

图 1-3-14　选择新建虚拟机安装光盘路径

模块名称	获取与部署 Linux	任务名称	基于 VMware Workstation 安装 CentOS 7		
班级		姓名		日期	

（14）单击“开启此虚拟机”选项，如图 1-3-15 所示。

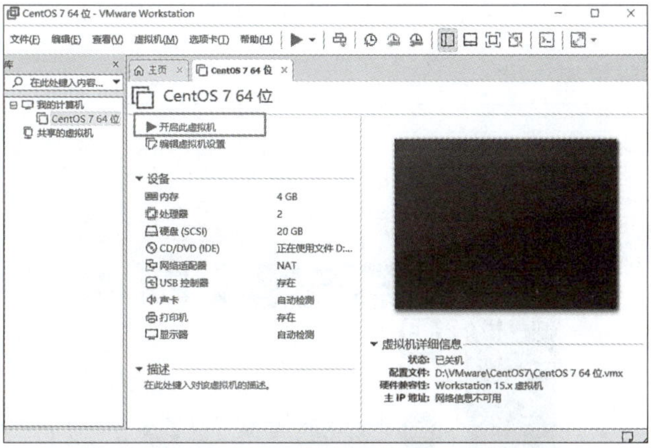

图 1-3-15　开启虚拟机

（15）在图 1-3-16 所示的界面，选择 Install CentOS 7 选项，等待安装。

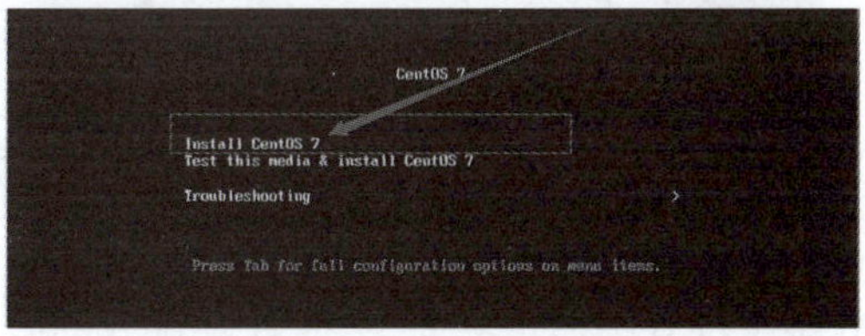

图 1-3-16　CentOS 7 开始界面

（16）设置语言，单击 Continue 按钮，如图 1-3-17 所示。

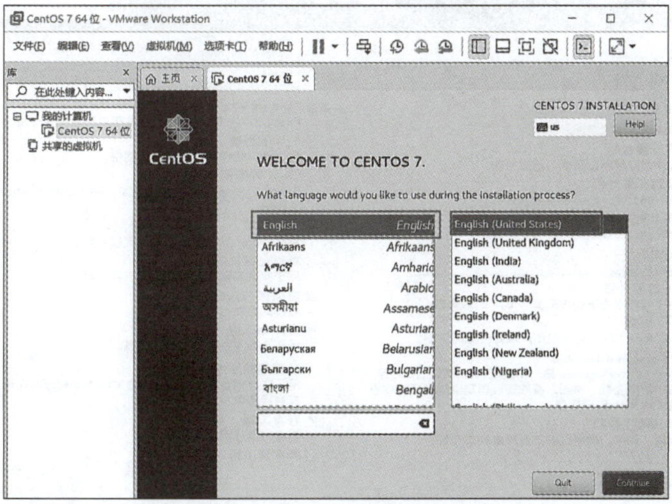

图 1-3-17　CentOS 7 语言选择界面

模块名称	获取与部署 Linux	任务名称	基于 VMware Workstation 安装 CentOS 7		
班级		姓名		日期	

（17）在图 1-3-18 所示的界面完成软件选择、手动分区、开 / 关 KDUMP、开 / 关网络等设置，完成设置后回到此界面开始安装。这里先单击 SOFTWARE SELECTION 选项，完成软件选择。

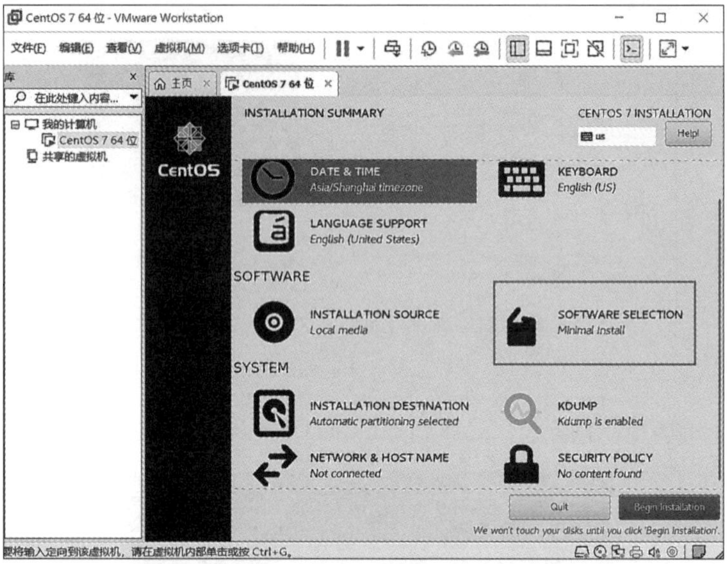

图 1-3-18 CentOS 7 安装选项汇总

（18）推荐选择最小安装（没有图形化界面），或者带 GUI 的服务器，如图 1-3-19 所示。也可根据实际需要或喜好选择，单击左上角的“完成”按钮可回到图 1-3-18 所示的操作界面。

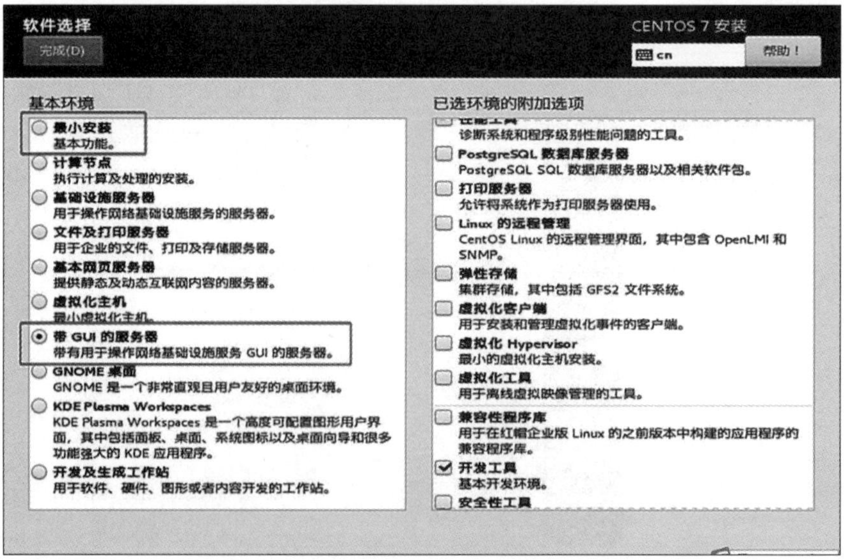

图 1-3-19 CentOS 7 语言选择界面

模块名称	获取与部署 Linux	任务名称	基于 VMware Workstation 安装 CentOS 7		
班级		姓名		日期	

（19）进入安装位置后，可以自动分区，也可选择配置分区，进入图 1-3-20 所示的界面。

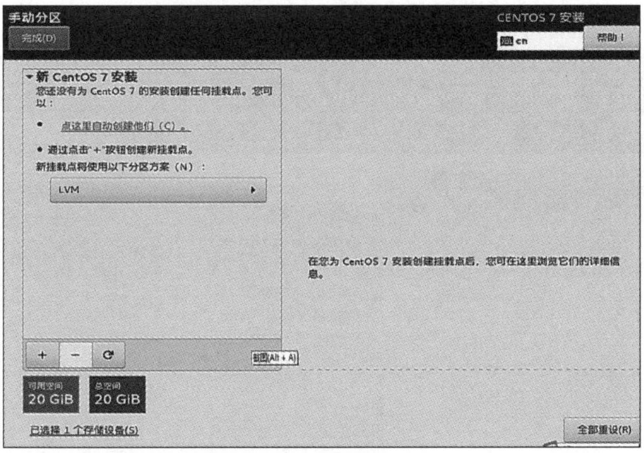

图 1-3-20　手动分区界面

（20）进入配置分区后，单击“+”添加挂载点，如图 1-3-21 所示。分区的内容如下：

① /boot：放系统内核，200 MB 都可。

② /swap：交换分区，实际工作中加到（8~16 GB）即可（以前大概会分配物理内存的 1.5~2 倍），内存不够用时用到。系统用到 swap 分区，就添加物理内存或者检查服务器。

③ / ：文件根目录。

图 1-3-21　分区挂载点设置

（21）关闭 KDUMP：实训环境中可以取消选中“启用 kdump”复选框，如图 1-3-22 所示。

图 1-3-22　KDUMP 设置界面

模块名称	获取与部署 Linux	任务名称	基于 VMware Workstation 安装 CentOS 7		
班级		姓名		日期	

（22）开启网络，因为之前安装过程选择了桥接网络，所以如果宿主物理机能够上网，虚拟机会自动分配同网段的网络，如图 1-3-23 所示。

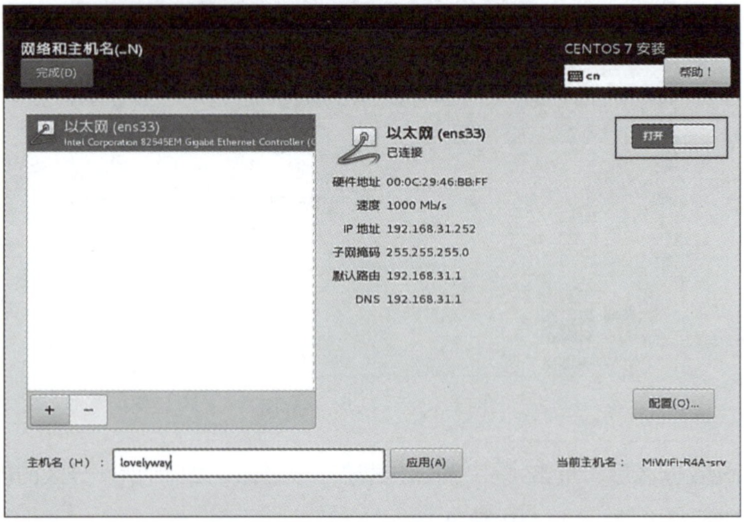

图 1-3-23　虚拟机网络设置界面

（23）安装过程中，可以设置管理员 root 密码或者创建用户，如图 1-3-24 所示。当设置密码太简单时，系统会提示，可以重新设置。

图 1-3-24　虚拟机安装过程中设置用户界面

模块名称	获取与部署 Linux	任务名称	基于 VMware Workstation 安装 CentOS 7		
班级		姓名		日期	

06 活页笔记

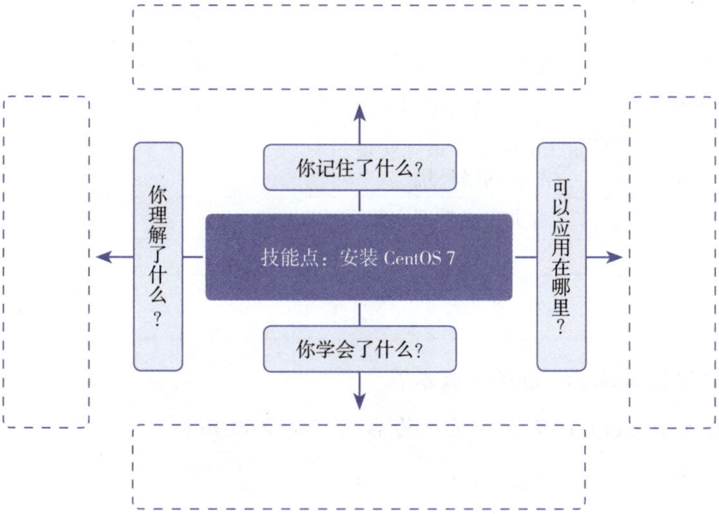

自我分析与总结：

模块名称	获取与部署 Linux	任务名称	基于 VMware Workstation 安装 CentOS 7		
班级		姓名		日期	

07 评价反馈

评价细目	评价标准	分值	得分
CentOS 版本	版本适合用户需求	30	
CentOS 7 版本下载	下载正确的版本	20	
验证	完成 Linux 操作系统安装 配置网络环境	30	
学习态度	认真自主完成学习实践	20	

08 作业与训练

（1）新手学习怎么选择 CentOS 版本？

（2）下载并完成 CentOS 7 的安装，为后续任务做准备。

模块二　基本操作与文件管理

课程名称	Linux 操作系统应用	模块二　基本操作与文件管理			
班级		学时	6	日期	
任务一　基本操作训练					
专业群	群内所有专业	学时	3		

01 任务描述

企业实际工作中 Linux 的应用场景非常广泛，涉及 Linux 操作系统基础运维、自动化运维、Shell 开发技能等。小张是某企业的运维实习人员，典型的应用场景之一是 Linux 操作系统的运维，在该场景中需要完成的任务如下：

（1）列出目录文件。

（2）列出目录内所有文件包含的隐藏文件。

（3）应用别名。

（4）使用帮助功能。

（5）查看终端。

（6）Linux 操作系统的更新、重启、关机等服务器开关操作。

小张作为新手，应多练手，查看和及时处理服务器情况。

02 导　学

温馨提示	关键知识点	关键技能
学习完成本任务后，知识和技能可以达到 95% 以上 重点系数：★★★★★ 难度系数：★★★	Shell 常用命令，如 ls、alias、histroy、man、shutdown、init、reboot 等	命令的灵活运用

03 学习目标

素质目标	◎具有解决问题的能力和持续学习的态度。
技能目标	◎掌握 Shell 常用命令。
知识目标	◎了解 Shell 类型。 ◎掌握常用 Shell 命令参数。

04 相关知识

1. Linux Shell 简介

Shell 是一个命令行解释器，它通过解释用户输入的命令并将其传输给系统内核去执行。

模块名称	基本操作与文件管理	任务名称	基本操作训练		
班级		姓名		日期	

Shell 有自己的编程语言，它允许用户编写由 Shell 命令组成的程序。Shell 编程语言具有普通编程语言的很多特点，例如，它也有循环结构和分支控制结构等。Shell 的主要分类如下：

（1）Bourne Shell：从 1979 起，UNIX 就开始使用 Bourne Shell，其主文件名为 sh。

（2）C Shell：主要在 BSD 版的 UNIX 操作系统中使用，其语法和 C 语言类似。

（3）Bash：与 sh 兼容，现在 Linux 操作系统默认使用 Bash 作为用户的基本 Shell。

（4）说明：Shell 的两种主要语法类型有 Bourne 和 C，彼此不兼容。Bourne 家族主要包括 sh、ksh、Bash、psh、zsh；C 家族主要包括 csh、tcsh。

用户可以通过简单的命令确认当前系统的 Shell 类型，具体的命令示例（示例中“#”所在行表示注释说明，用来解释对应的命令，本书后面内容的以“#”开头都表示解释说明）如下：

```
#查看当前系统支持的Shell
cat/etc/shells
#查看当前Shell类型
echo $SHELL
```

用户在使用过程中可以切换 Shell 环境，具体方式如下：

（1）临时切换 Shell 环境：直接输入其他 Shell 程序名称或 Shell 完整路径即可完成切换。如果返回原 Shell 环境，直接输入 exit 命令即可。

（2）更改用户自身的登录 Shell 环境：用户每次登录到 Linux 操作系统时会自动加载该用户的 Shell 环境，如果需要修改 Shell 环境，则需要修改“/etc/passwd”配置文件内对应用户的 Shell 变量。

2. Shell 提示符

打开终端，命令前面会有 [root@lovelyway ~]#，其中 root 表示用户名，lovelyway 表示主机名，~ 表示当前所在目录（当前用户的家目录），# 表示当前用户为管理员用户，如果是 $ 则表示为普通用户。下面例子可以看出 Shell 提示符“#”号与“$”号的区别：

```
[root@lovelyway~]#                  #表示root用户登录，管理员账号登录
[root@lovelyway ~]#    su -lw       #切换到lw普通用户
[lw@lovelyway~]$                    #表示普通用户登录
```

3. 文件类型

CentOS 中文件名不同的颜色代表了不同的文件类型：（1）蓝色，代表目录类型；（2）白色（终端屏幕白底文件名为黑色），代表一般性文件；（3）浅蓝色，代表链接类型；（4）绿色，代表可执行文件；（5）红色，代表压缩文件；（6）黄色，代表设备文件；（7）灰色，代表其他文件。

模块名称	基本操作与文件管理	任务名称	基本操作训练		
班级		姓名		日期	

05 任务实施

任务描述中要完成的任务涉及 ls 、alias、histroy、man、shutdown 、init、reboot 等命令，实习人员小张进行以下操作训练：

1. ls 命令

（1）功能：显示文件和目录的信息。

（2）语法： `ls [选项][文件或目录]`

（3）ls 命令参数如下：

-a：显示所有文件（all，Linux 中隐藏文件以 "." 开头）。

-l：详细信息显示（long）。

-d：查看目录属性（diretory）。

-i：查看文件 iNode 号（每一个文件特殊的标识）。

-h：信息的人性化显示（human）。

例如：ls -l 命令查看文件详细信息，与 ll 命令功能一样，操作及运行结果如图 2-1-1 所示。

```
[root@localhost home]# ls
3.txt   min             protocols  user001  user003  user005
local   operation.txt   share      user002  user004
[root@localhost home]# ll
total 12
-rw-r--rwx. 1 root    root       0 Apr  8 15:00 3.txt
drwxr-xr-x. 2 root    root       6 Apr  9 16:18 local
drwxr-xr-x. 2 root    root      15 Apr 11 10:39 min
-rw-rw-r--. 1    1000 group1    13 Apr 11 10:45 operation.txt
-rw-r--r--. 1 root    root    6545 Apr  9 15:09 protocols
drwxrwsrwx. 4 root    group2    63 Apr  8 14:57 share
drwx------. 5 user001 user002  128 Apr  8 16:50 user001
drwx------. 5 user002 user002  128 Apr  8 16:50 user002
drwx------. 5 user003 user003  107 Apr  8 16:15 user003
drwx------. 3 user005 group4    78 Apr  9 10:45 user004
drwxr-xr-x. 2 root    root       6 Apr  9 10:47 user005
```

图 2-1-1　ll 命令及运行结果

以长格式显示目录下的内容列表，每个文件用一行显示详细信息，输出的信息从左至右依次包括文件类型（每行第一个字符）、权限、文件或目录具有的连接数、所有者、组、文件大小和文件的最后修改时间等相关信息。文件类型分别表示如下：（1）“-”表示普通文件；（2）“d”表示目录；（3）“l”表示链接文件；（4）“p”表示管理文件；（5）“b”表示块设备文件；（6）“c”表示字符设备文件；（7）“s”表示套接字文件。

模块名称	基本操作与文件管理	任务名称	基本操作训练		
班级		姓名		日期	

例如：使用 ls -a 显示隐藏文件，在 CentOS 中，文件名字前面加“.”号表示为隐藏文件，操作及运行结果如图 2-1-2 所示。

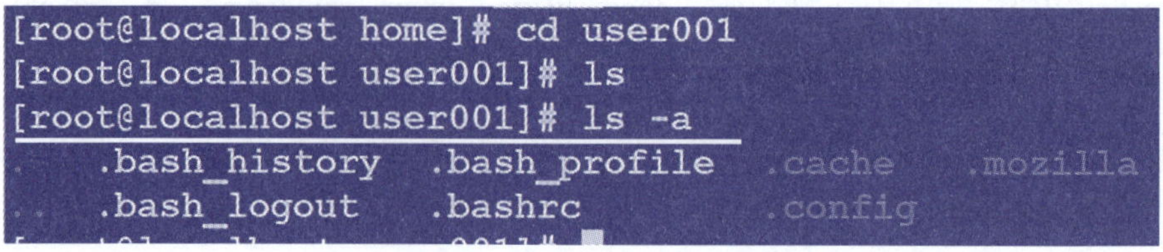

图 2-1-2　ls -a 命令及运行结果

2. alias 命令

（1）功能：用于设置指令的别名，有利于提升工作效率。

（2）语法：`alias 别名='原命令 -选项/参数'`。

（3）alias 命令参数：-p 打印已经设置的命令别名。

（4）取消设置别名：unalias 别名。

（5）设置别名命令示例如下：

```
#设置别名la，用户执行la命令就相当于执行ls -la
alias la='ls -la'
#查看已有的别名列表
alias
#或者alias -p
#删除别名la
unalias la
```

3. 帮助命令

用户使用 Linux 操作系统时，遇到困难可以使用帮助命令获取支持。常见的帮助命令有 man 命令 、help 命令、info 命令。

1）man 命令

man 命令是 manual pages 的缩写，它是 Linux 操作系统中在线软件文档的一种普遍的形式，其内容包括计算机程序（包括库和系统调用）、正式的标准和惯例、抽象的概念等。

man 工具可显示系统手册页中的内容，也就是一本电子版的字典，这些内容大多数都是对命令的解释信息，还有一些相关的描述。通过查看系统文档中的 man，还可以得到程序的更多相关信息和 Linux 的更多特性。man 通常用来获得某个命令的说明和使用方式的详细介绍。

语法：`man 命令名称`

例如：使用 man 命令查看 ls 命令的解释信息及相关描述，操作及运行结果如图 2-1-3 所示。

模块名称	基本操作与文件管理	任务名称	基本操作训练		
班级		姓名		日期	

```
[root@localhost /]# man ls
LS(1)                        User Commands                        LS(1)

NAME
       ls - list directory contents

SYNOPSIS
       ls [OPTION]... [FILE]...

DESCRIPTION
       List  information about the FILEs (the current directory by
       default).  Sort entries alphabetically if none of -cftuvSUX
       nor --sort is specified.

       Mandatory arguments to long options are mandatory for short
       options too.

       -a, --all
              do not ignore entries starting with .

       -A, --almost-all
```

图 2-1-3　man 命令及运行结果

2）help 命令

help 命令用于显示 Shell 内置命令的简要帮助信息，帮助信息中显示有该命令的简要说明以及一些参数的使用和说明。外部命令基本上都有一个参数 --help，通过这个参数可以得到相应的帮助。

语法：`命令名称 --help`

用于显示 Shell 内置命令的简要帮助信息。图 2-1-4 所示为使用 help 查看 ls 的帮助信息。

```
[root@localhost /]# ls --help
Usage: ls [OPTION]... [FILE]...
List information about the FILEs (the current directory by default).
Sort entries alphabetically if none of -cftuvSUX nor --sort is speci
fied.

Mandatory arguments to long options are mandatory for short options
too.
  -a, --all                  do not ignore entries starting with .
  -A, --almost-all           do not list implied . and ..
      --author               with -l, print the author of each file
  -b, --escape               print C-style escapes for nongraphic ch
aracters
      --block-size=SIZE      scale sizes by SIZE before printing the
m; e.g.,
                               '--block-size=M' prints sizes in unit
```

图 2-1-4　使用 help 查看 ls 的帮助信息命令及运行结果

3）info 命令

info 来自自由软件基金会的 GNU 项目，是 GNU 的超文本帮助系统，能够更完整地显示出 GNU 信息。man 和 info 就像两个集合，它们有一个交集部分，但与 man 相比，info 工具可显示更完整的 GNU 工具信息。

语法：`info 命令名称`

模块名称	基本操作与文件管理	任务名称	基本操作训练		
班级		姓名		日期	

4. history 命令

（1）功能：history 命令用于显示历史执行过的命令。

（2）语法：`history  [-参数]`

（3）命令示例：

```
#显示历史记录，默认是1 000行
history
#清空内存中命令历史
history -c
#删除指定的历史命令，如删除第10个命令历史
history -d 10
#显示最近的历史，如显示最近的10条命令历史
history 10
#将历史文件中未读过的行加载到内存中的历史列表，方便多个终端同步内存中的命令历史。
history -n
```

（4）快速查找历史命令的小技巧：

①方向键：向上显示上一行记录，向下显示下一行记录；

②! N：显示第 N 行记录（N 表示第几条命令对应的数字）；

③先按 ctrl+R 组合键，再输入某条命令的关键字，最后找出来对应的命令，按右光标键。

5. 常用关机 / 重启命令

Linux 操作系统如果需要停机维护，需要使用命令进行关机操作，严禁直接关掉电源。使用命令关机或重启可以有效防止数据不完整事故的发生。具体命令如下：

1）shutdown 命令参数说明

（1）-t seconds：设置在几秒之后进行关机程序。

（2）-k：并不会真的关机，只是将警告信息传送给所有用户。

（3）-r：关机后重新开机。

（4）-h：关机后停机。

（5）命令示例：

```
#设置定5s后关机
shutdown -t 5
#发送用户关机信息，但不会关机，除非执行关机操作
shutdown -k
#立即关机并重启
shutdown -r now
#立即关机
shutdown -h now
```

模块名称	基本操作与文件管理	任务名称	基本操作训练		
班级		姓名		日期	

2）init 命令参数说明

（1）0：关机。

（2）1：单用户模式，只有 root 用户进行维护。

（3）2：多用户，不具备通过网络文件系统 NFS（network file system）共享或访问文件的能力。

（4）3：完全多用户模式（标准的运行级）。

（5）4：安全模式。

（6）5：X11（xwindow）图形化界面模式。

（7）6：重新启动。

如果安装的是带图形化界面的模式，可以使用 init 3 命令进入控制台命令行模式，再使用 init 5 回到图形化界面。但是，如果当时安装服务器时使用的是最小化安装，则不能使用 init 5。

3）poweroff 命令常用参数说明

（1）--poweroff：关机。

（2）--reoobt：重启。

（3）命令示例：

```
#关机
poweroff --poweroff
#重启
poweroff --reboot
```

4）reboot 命令常用参数说明

（1）--poweroff：关机，等同于运行 poweroff 命令，关闭系统电源。

（2）--reboot：重启。

（3）命令示例：

```
#重启
reboot
#或者
reboot --reboot
```

6. 查看终端及发送消息

4 个终端管理命令如下，操作及运行结果如图 2-1-5 所示。

（1）tty：查看自己所在终端。

（2）who -H：查看所有在线终端。

（3）发消息：echo hello > /dev/pts/1。

（4）广播消息：wall 消息名称。

模块名称	基本操作与文件管理	任务名称	基本操作训练		
班级		姓名		日期	

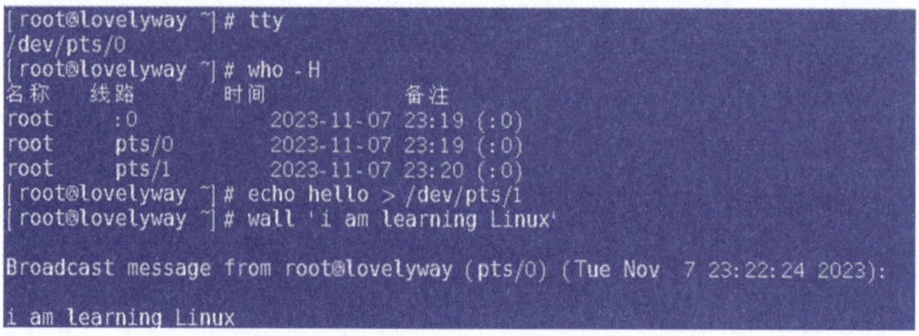

图 2-1-5　4 个终端管理命令及运行结果

7. 快捷键总结

综合当前任务，所做的一些操作可以通过快捷键来完成：

（1）Ctrl+C：终止前台运行的程序，如 ping g.cn 命令后，想停止可按 Ctrl+C 组合键。

（2）Ctrl+L：清屏与执行 clear 命令功能一样。

（3）Ctrl+R：搜索历史命令，可以利用好关键词。

（4）!$ 引用上一个命令的最后一个参数。

（5）补全命令使用 Tab 键，Tab 只能补全命令、文件的路径和名字。

问题引导 1

执行 ls -l/ 命令显示内容中每行的第一个字符 d 和 l 分别表示什么？

问题引导 2

使用 history -c 清除了历史记录后，还可以找到历史命令记录吗？

模块名称	基本操作与文件管理	任务名称	基本操作训练		
班级		姓名		日期	

06 活页笔记

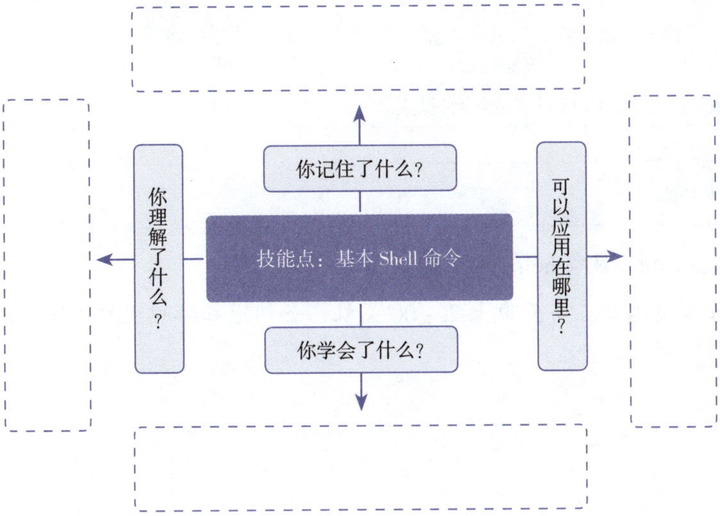

自我分析与总结：

模块名称	基本操作与文件管理	任务名称	基本操作训练		
班级		姓名		日期	

07 评价反馈

评价细目	评价标准	分值	得分
Shell 基本命令	熟练使用	80	
学习态度	认真自主完成学习实践	20	

08 作业与训练

（1）分别使用 man 及 --help 查看 alias 帮助信息。

（2）现在管理员需要在当天晚上 22:00 关机，如何通知终端用户并进行定时关机设置？

课程名称	Linux 操作系统应用	模块二　基本操作与文件管理			
班级		学时	6	日期	
任务二　文件管理					
专业群	群内所有专业	学时	3		

01 任务描述

某公司规定运维工程师在 home 路径下建立自己的文件夹，并将每周的工作计划上传至文件夹下。小明上周将工作计划上传到了 opt 目录下，现在要将上周的工作计划移动到 home 路径下的文件夹中，并复制一份，填写这周的工作计划。

运维工程师需要在 Linux 操作系统中完成以下工作：

（1）创建文件、目录。

（2）显示文件内容。

（3）查找指定文件。

（4）复制本地文件。

02 导　学

温馨提示	关键知识点	关键技能
学习完成本任务后，知识和技能可以达到 95% 以上 重点系数：★★★★★ 难度系数：★★★	（1）Linux 操作系统的目录结构 （2）Linux Shell 基本命令，如 cd、touch、mkdir、vim、mv、rm 等	命令的灵活运用

03 学习目标

素质目标	◎具有解决问题的能力和持续学习的态度。
技能目标	◎能使用文件管理的常用命令对文件进行管理。
知识目标	◎理解文件目录结构。 ◎了解常用的系统文件。

模块名称	基本操作与文件管理	任务名称	文件管理		
班级		姓名		日期	

04 相关知识

1. 常用的系统文件及文件系统

Linux 操作系统采用层级的树状目录结构，在该结构的最顶层为根目录“/”，然后在其下面创建其他目录。在 Linux 操作系统中，所有内容皆为文件。具体的目录结构及描述如下：

/：根目录，位于目录结构的顶层。Linux 操作系统中有且只有一个根目录，它是 Linux 操作系统文件的入口，所有目录、文件、设备均在根目录之下。

/bin：bin 是 binaries（二进制文件）的缩写，此目录存放着最经常使用的命令，如 ls、cp、mkdir、cut 等。

/boot：存放系统启动的相关文件，如 kernel、grub（引导装载程序）。

/dev：dev 是 device 的缩写，该目录下存放的是 Linux 的外围设备，在 Linux 中访问设备的方式和访问文件的方式是相同的。

/etc：特定主机，系统范围内的配置文件。

/home：用户的家目录，包含保存的文件、个人设置等。

/lib：库文件、函数库目录。

/mnt 和 /media：一般用于临时挂载存储设备的目录。

/opt：表示可选择，部分软件会被安装至该目录。

/proc：虚拟文件系统，将内核与进程状态归档为文本文件（系统信息都存放在此目录下）。

/run：运行目录，存放的是系统运行时的数据，如进程 PID 文件等。

/srv：service 缩写。该目录存放一些服务启动之后需要提取的数据。

/sbin：存放二进制可执行文件，只有 root 才能访问。这里存放的是系统管理员使用的系统级别的管理命令和程序，如 ifconfig 等。

/tmp：用于存放临时文件。

/var：系统运行和软件运行时产生的日志信息，该目录的内容是经常变动的，存放的是一些变化的文件，如 /var/log 目录存放是系统、应用的日志文件等。

/usr/sbin：超级用户的一些管理程序。

/usr/doc：Linux 文档。

/usr/include：Linux 下开发和编译应用程序所需要的头文件。

/usr/lib：常用的动态链接库和软件包的配置文件。

/usr/man：帮助文档。

/usr/src：源代码，Linux 内核的源代码放在 /usr/src/linux 中。

/usr/local/bin：本地增加的命令。

模块名称	基本操作与文件管理	任务名称	文件管理		
班级		姓名		日期	

/usr/local/lib：本地增加的库。

/lib 和 /lib64：存放系统最基本的动态链接库。/lib 和 /lib64 分别是 /usr/lib 和 /usr/lib64 的软件链接。

在平时使用计算机时要找到需要的文件就必须知道文件的位置，而表示文件位置的方式就是路径。在 Linux 中，绝对路径是从“/”开始的，如 /usr、/etc/passwd。如果一个路径是从根（/）开始的，它一定是绝对路径。相对路径是以“.”或“..”开始的，相对于当前目录开始，如 a.txt、./a.txt、../miao/b.tx。

2. cd 命令（需要设计状态栏）

（1）功能：用于切换当前工作目录。

（2）语法：`cd [目录路径]`

（3）命令示例：

```
#切换至/etc目录
cd /etc
#切换至root目录
cd /root
#切换至用户主目录（家目录）
cd ~
#返回至当前目录的上一级目录
cd ..
```

3. touch 命令

（1）功能：touch 命令用于修改文件或者目录的时间属性，包括存取时间和更改时间。若文件不存在，系统会建立一个新的文件。

（2）参数：

① -a：改变文件读取时间记录。

② -m：修改文件时间记录。

③ -d：设置时间。

（3）命令示例：

```
#创建一个新文件
touch test.txt
#修改test.txt文件访问时间
touch -a test.txt
```

说明：修改文件时间后使用 ls -l 命令查看文件信息，对比文件的原始时间。

4. mkdir 命令

（1）功能：用于创建目录。

（2）语法：`alias [-p] 目录名称`

模块名称	基本操作与文件管理	任务名称	文件管理		
班级		姓名		日期	

（3）参数：-p 如果多层目录同时新建，需要加上参数 -p。

（4）命令示例：

```
#创建test目录
mkdir test
#创建test的同时并创建abc子目录
mkdir -p test/abc
```

5. rm 命令

（1）功能：删除文件或目录。

（2）语法： `rm [参数] 文件或目录`

（3）参数：

① -i：删除前逐一询问确认。

② -f：直接删除，无须逐一确认。

③ -r：递归，将目录及以下文件亦逐一全部删除。

（4）命令示例：

```
#删除test.txt文件,rm命令不加参数系统会询问是否删除
rm test.txt
#强制删除test.txt,系统无询问信息
rm -f test.txt
#删除目录test
rm -r test
#强制删除test目录下的所有文件
rm -rf test
```

6. cp 命令

（1）功能：复制文件或目录。

（2）语法格式及说明如下：

① cp [OPTION]　[-T] SOURCE DEST：SOURCE 是源文件，DEST 指的是目标文件，如果指定了 -T，那么目标文件只能是文件，不能是目录。

② cp [OPTION] SOURCE　DIRECTORY：如果源文件 SOURCE 是多个文件，那么目标文件 DIRECTORY 只能是目录。

③ cp [OPTION]　-t　DIRECTORY SOURCE：通过选项 -t，使 DIRECTORY 目标文件在前面，SOURCE 源文件在后面。

（3）参数 [OPTION]：

-a：此选项通常在复制目录时使用，它保留链接、文件属性，并复制目录下的所有内容。

-d：复制时保留链接。

模块名称	基本操作与文件管理	任务名称	文件管理		
班级		姓名		日期	

-f：覆盖已经存在的目标文件而不给出提示。

-i：与 -f 选项相反，在覆盖目标文件之前给出提示，要求用户确认是否覆盖，回答 y 时目标文件将被覆盖。

-p：除复制文件的内容外，还把修改时间和访问权限也复制到新文件中。

-r：若给出的源文件是一个目录文件，此时将复制该目录下所有的子目录和文件。

（4）命令示例：

```
#复制文件test.txt
cp test.txt test-bak.txt
#复制test目录
cp -r test test-bak
#覆盖已有test-bak目录
cp -rf test test-bak
```

7. cat 命令

（1）功能：

①一次显示整个文件内容。

②从键盘创建一个文件，只能创建新文件，不可以编辑已有的文件。

③将多个文件合并为一个文件。

（2）语法：`cat [OPTION] [FILE]`

（3）参数 [OPTION]：

-n 或 --number：由 1 开始对所有输出的行数编号。

-b 或 --number-nonblank：和 -n 相似，只不过对于空白行不编号。

-s 或 --squeeze-blank：当遇到有连续两行以上的空白行时，就代换为一行的空白行。

（4）命令示例：

```
#显示test.txt文件内容
cat test.txt
#把test1的文档内容加上行号后输入test2文档内
cat -n test1>test2
#把test1和test2的文档内容加上行号（空白行不加）之后将内容附加到test3文档中
cat -b test1 test2>>test3
#清空test.txt文档内容
cat/dev/null>test.txt
```

8. more 命令

（1）功能：more 命令类似 cat，以分页形式显示，更方便用户逐页阅读，而最基本的指令就是按空格键就往下一页显示，按 B 键就会往回（back）一页显示，而且还有搜索字符串的功能（与 vi 相似），使用中要显示说明文字，可按 H 键。

模块名称	基本操作与文件管理	任务名称	文件管理		
班级		姓名		日期	

（2）语法：`more [options] file`

（3）参数 [OPTION]：

-NUM：一次显示的行数。

+NUM：从第 NUM 行开始显示。

-p：不以滚动的方式显示每一页，而是先清除屏幕后再显示内容。

-s：当遇到有连续两行以上的空白行时，就代换为一行的空白行。

（4）命令示例：

```
#分页显示test文档内容
more test
#一次显示文档test内容20行
more -20 test
#从test文档的第20行开始显示
more +20 test
#逐页显示test文档内容，如有连续两行以上空白行则以一行空白行显示
more -s test
```

9. less 命令

（1）功能：less 与 more 类似，可以随意浏览文件，支持翻页和搜索，支持向上翻页和向下翻页。

（2）语法：`less [options] file`

（3）参数 [options]：

-b <缓冲区大小>：设置缓冲区的大小。

-e：当文件显示结束后，自动离开。

-f：强迫打开特殊文件，如外围设备代号、目录和二进制文件。

-N：显示每行的行号。

（4）命令示例：

```
#显示/var/log/messages文件内容
less/var/log/messages
#显示/var/log/messages文件内容，并同时显示行号
less -N /var/log/messages
#ps查看进程信息并通过less分页显示，并显示行号
ps -ef|less -N
#查看命令历史使用记录并通过less分页显示
history|less
```

模块名称	基本操作与文件管理	任务名称	文件管理		
班级		姓名		日期	

10. head 命令

（1）功能：head 命令可用于查看文件开头部分的内容，默认显示 10 行记录。

（2）语法：`head [OPTION] [FILE]`

（3）参数：

-c <数目>：显示的字节数。

-n <行数>：显示的行数。

（4）命令示例：

```
#显示/var/log/messages前10行记录
head /var/log/messages
#显示/var/log/messages前5行记录
head -n 5/var/log/messages
#显示/var/log/messages前200字节
head -c 200  /var/log/messages
```

11. tail 命令

（1）功能：tail 命令可用于查看文件的内容，默认显示最后 10 行记录。

（2）语法：`tail[OPTION][FILE]`

（3）参数 [OPTION]：

-f：循环读取。

-q：不显示处理信息。

-c<数目>：显示的字节数。

-n<行数>：显示文件的尾部 n 行内容。

（4）命令示例：

```
#显示/var/log/messages文件最后10行记录
tail /var/log/messages
#显示/var/log/messages文件最后20行记录
tail -n 20 /var/log/messages
#动态显示/var/log/messages文件最新10行记录
tail -f  /var/log/messages
#显示/var/log/messages文件从第20行到末尾
tail -n +20  /var/log/messages
```

12. mv 命令

（1）功能：为文件或目录改名或将文件由一个目录移入另一个目录中。

（2）语法：`mv [选项] 源文件或目录 目标文件或目录`

（3）可以参考对比 cp 命令。

模块名称	基本操作与文件管理	任务名称	文件管理		
班级		姓名		日期	

05 任务实施

小明将按任务描述完成以下操作：

（1）进入到 /home 路径，创建文件 min，如图 2-2-1 所示。

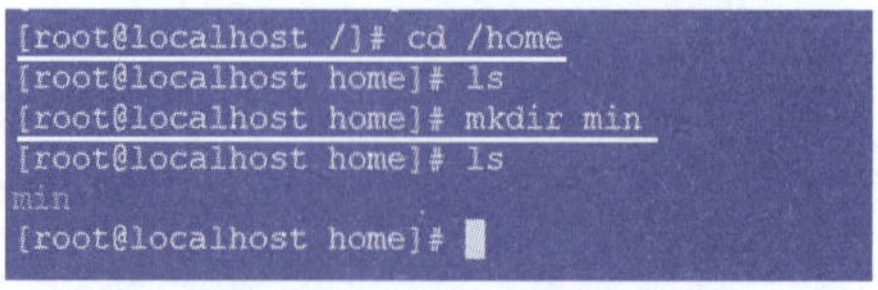

```
[root@localhost /]# cd /home
[root@localhost home]# ls
[root@localhost home]# mkdir min
[root@localhost home]# ls
min
[root@localhost home]#
```

图 2-2-1　新建文件夹 min

（2）切换到 /opt/min 目录下，查看目录下的文件，如图 2-2-2 所示。

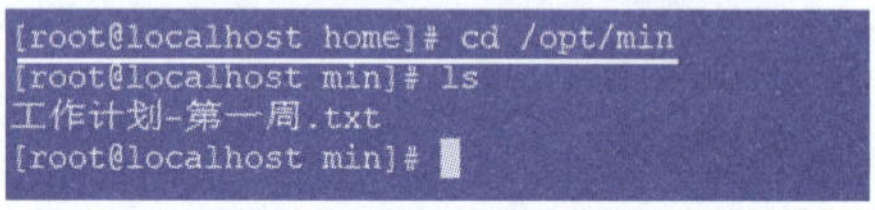

```
[root@localhost home]# cd /opt/min
[root@localhost min]# ls
工作计划-第一周.txt
[root@localhost min]#
```

图 2-2-2　cd 路径切换命令

（3）将文件移动到 /home/min 目录下，如图 2-2-3 所示。

```
[root@localhost min]# mv 工作计划-第一周.txt /home/min/
[root@localhost min]# ls
[root@localhost min]#
```

图 2-2-3　mv 移动命令

（4）删除 /opt 下的 min 文件，如图 2-2-4 所示。

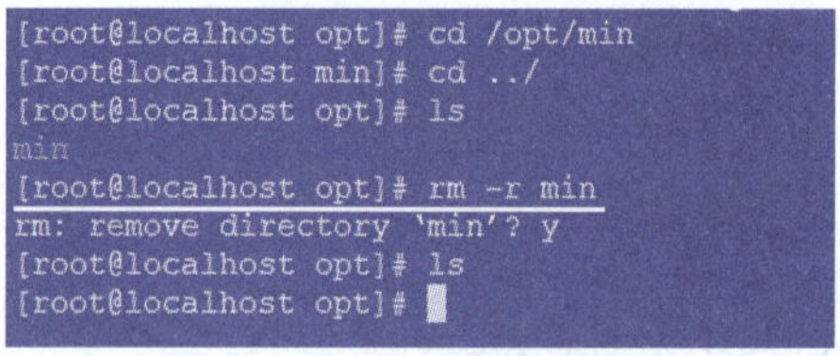

```
[root@localhost opt]# cd /opt/min
[root@localhost min]# cd ../
[root@localhost opt]# ls
min
[root@localhost opt]# rm -r min
rm: remove directory 'min'? y
[root@localhost opt]# ls
[root@localhost opt]#
```

图 2-2-4　rm 删除命令

（5）查看 /home/min 下文件，如图 2-2-5 所示。

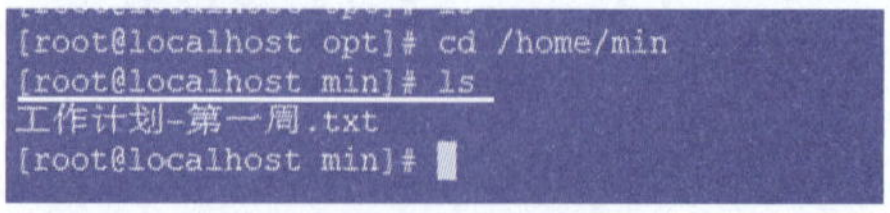

```
[root@localhost opt]# cd /home/min
[root@localhost min]# ls
工作计划-第一周.txt
[root@localhost min]#
```

图 2-2-5　ls 查看命令

（6）复制一份第一周的工作计划，编写第二周的工作计划复制文件，如图 2-2-6 所示。

```
[root@localhost min]# cp 工作计划-第一周.txt 工作计划-第二周.txt
[root@localhost min]# ls
工作计划-第一周.txt  工作计划-第二周.txt
```

图 2-2-6　cp 复制命令

模块名称	基本操作与文件管理	任务名称	文件管理		
班级		姓名		日期	

06 活页笔记

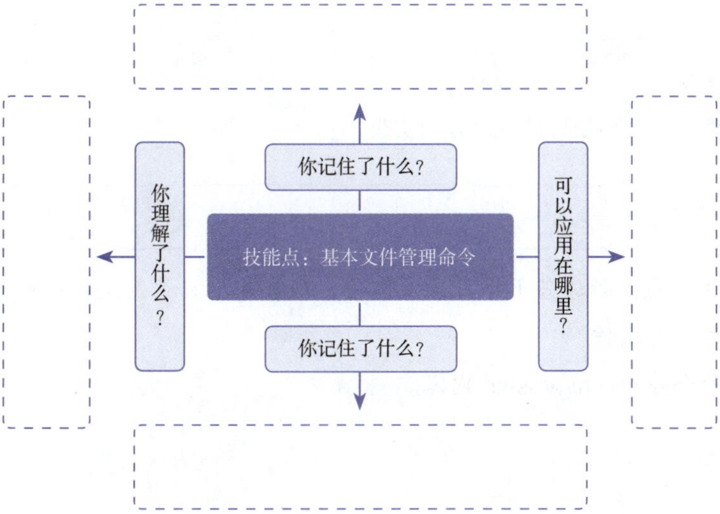

自我分析与总结：

模块名称	基本操作与文件管理	任务名称	文件管理		
班级		姓名		日期	

07 评价反馈

评价细目	评价标准	分值	得分
Shell 基本命令	熟练使用	80	
学习态度	认真自主完成学习实践	20	

08 作业与训练

（1）在 /opt 下面，新建若干个目录及文件，现在想把目录及文件一起删除，无须逐一确认询问，应该如何操作？

（2）使用命令查看 /etc/passwd 内容。

模块三　文件编辑及处理

<table>
<tr><td>课程名称</td><td>Linux 操作系统应用</td><td colspan="4">模块三　文件编辑及处理</td></tr>
<tr><td>班级</td><td></td><td>学时</td><td>4</td><td>日期</td><td></td></tr>
<tr><td colspan="6">任务一　使用 vim</td></tr>
<tr><td>专业群</td><td>群内所有专业</td><td>学时</td><td colspan="3">3</td></tr>
</table>

01 任务描述

Linux 系统中 vi/vim 是使用频率非常高的文本编辑器，以方便、快捷、高效而著称。vim 是 vi 的增强版，完全兼容 vi 并添加了新的特性，如多级撤销、语法高亮等。小黄需要在维护 Linux 服务器时编辑文件，典型的应用场景使用 vim 编辑配置文件。

要实现该场景，需要完成如下任务：

（1）理解 vim 的工作方式，在 vim 运行模式下切换。

（2）使用 vim 对文件进行编辑：新建文件、光标定位、内容选择、复制、移动及删除等。

（3）配置 vim 的工作环境。

问题引导 1

vi 和 vim 是用同一个软件包安装的吗？

02 导　学

温馨提示	关键知识点	关键技能
学习完成本任务后，知识和技能可以达到 95% 以上 重点系数：★★★★★ 难度系数：★★★	vim 命令，包含快捷命令	命令的灵活运用

03 学习目标

素质目标	◎具有解决问题的能力和持续学习的态度。
技能目标	◎熟练切换 vim 工作模式。 ◎熟练进行 vim 命令操作。
知识目标	◎理解 vim 的工作原理。 ◎理解 vim 基本命令及快捷命令的语法格式。

模块名称	文件编辑及处理	任务名称	使用 vim		
班级		姓名		日期	

04 相关知识

vim 是 Linux 系统下一个全屏的文本编辑器，是 vi 命令的增强版，完全兼容 vi 命令。最明显的区别是 vim 语法高亮度显示。

使用命令"vim 文件名“打开文件后，vim 的 4 种操作模式分别为：

（1）正常模式（normal mode，也称命令模式）：在此模式下，可以使用上、下、左、右键或者 k、j、h、l 命令进行光标移动，还可以对文件内容进行复制、粘贴、替换、删除等操作。

（2）插入模式（Insert mode，也称编辑模式）：在输入模式下可以对文件执行写操作，进入输入模式的方法是输入 i、a、o 等插入命令，编写完成后按 Esc 键即可返回命令模式。

（3）可视模式（visual mode，也称可视块模式）：编程或修改服务器配置文件时，需要进行多行注释或者取消多行注释时，按 Ctrl+V 快捷键进入。

（4）命令行模式（command mode 或者 last line mode，也称底线模式）：先按 Esc 键进入命令模式后，再输入冒号“：”进入底线模式。在底线模式下，可以完成对文件的保存、内容替换、显示格式的设置等工作。

1. vim 命令 - 正常模式

1）缺省模式

（1）运行 vim 命令后直接进入命令行模式，在缺省模式下不可以增加字符、不可以使用 Backspace 键删除字符。

（2）可以移动光标、查找、替换、撤销、删除。

2）光标移动

（1）方向键可以控制光标上、下、左、右移动。

（2）K、J、H、L 字母键可以控制光标上、下、左、右移动。

3）复制、粘贴、剪切、删除

（1）复制：

① yy：复制整行。

② Nyy：复制 N 行，如 2yy 表示复制 2 行（即当前行及当前行的下一行）。

（2）粘贴：命令 p，粘贴于当前行的下一行。

（3）剪切：命令 dd。

（4）删除：

① x：删除光标所在位置的字符。

② D：从光标处删除到行尾。

模块名称	文件编辑及处理	任务名称	使用 vim		
班级		姓名		日期	

③ dd：删除整行。

④ Ndd：删除当前行以下的 N 行，包含当前行，如 2dd。

4）查找、撤销

（1）查找：命令“/ 需要查找的字符”。例如，查找 Server，则输入 /Server 然后按 Enter 键即可。此时，系统会显示匹配的第一个 Server，如果需要继续查找下一个与之匹配的 Server，则输入 n 即可。

（2）撤销：命令 u。

2. vim 命令 - 输入模式

在命令行模式下，如果需要进入输入模式（编辑模式或插入模式），可输入 a 或 i，或者 o 或 A，或者 I 或 O。具体字符说明如下：

（1）a：当前字符之后插入（光标后）。

（2）i：当前字符之前插入（光标前）。

（3）o：当前字符的下一行插入（另起一行）。

（4）A：当前字符所在的行尾插入（行尾）。

（5）I：当前字符所在的行首插入（行首）。

（6）O：当前字符所在的上一行插入。

3. vim 命令 - 底线命令模式

按 Esc 键退出编辑模式后即进入底线命令模式（命令行模式），在该模式下可以执行保存、退出、查抄、替换、设置行号等操作。具体如下：

（1）:w：文件保存。

（2）:q：退出文件。

（3）:q!：强制退出（放弃对文档的修改内容）。

（4）:wq!：强制保存退出（如 root 用户修改只读文件时，可以使用这个命令进行强制修改）。

（5）:set nu：显示行号。

（6）:set nonu：不显示行号。

（7）:noh：取消高亮显示。

（8）: 整数：跳转到该行，如：“10”，直接跳转到第 10 行。

（9）:s/ 字符 1/ 字符 2：替换当前光标行的第一个字符 1 为字符 2。

（10）:s/ 字符 1/ 字符 2/g：替换当前光标行中所有的字符 1 为字符 2。

（11）:% s/ 字符 1/ 字符 2/g：替换这个文档中的字符 1 为字符 2。

（12）:1,3 s/ 字符 1/ 字符 2/g：替换这个文档中第一行到第三行的字符 1 为字符 2。

模块名称	文件编辑及处理	任务名称	使用 vim		
班级		姓名		日期	

说明：在进行文档的字符替换时，如果不使用“/g”，则每行字符中若出现多个字符 1，只将第一个字符 1 替换成字符 2；以上格式中“/”为分隔符，这不是固定的，s 后面跟着的符号就是分隔符，例如，# 也可以作为分隔符，即“:% s/ 字符 1/ 字符 2/g”可换成“:% s# 字符 1# 字符 2#g”。

问题引导 2

在使用 vim 编辑某文件时，如果从第三行开始复制两行粘贴到最后，要经过哪些步骤？

同时，在底线命令模式可以进行环境变量的设置，一些常见的命令示例如下：

:set all：可设置的环境变量列表。

:set：环境变量的当前值。

:set nu：设置资料的行号。

:set nonu：取消行号设置。

:set ai：自动内缩。

:set noai：取消自动内缩。

:set ruler：会在屏幕右下角显示当前光标所处位置，并随光移动而改变，占用屏幕空间较小，使用也比较方便，推荐使用。

:set hlsearch：在使用查找功能时，会高亮显示所有匹配的内容。

:set nohlsearch：关闭此功能。

:set incsearch：使 Vim 在输入字符串的过程中，光标就可定位显示匹配点。

:set nowrapscan：关闭查找自动回环功能，即查找到文件结尾处，结束查找；默认状态是自动回环。

4. vim 命令 - 可视化模式（需要设计状态栏）

vim 命令可视化模式可以分为以下 3 种：

（1）v 进入的字符可视化模式，文本选择是以字符为单位。

（2）V 进入的行可视化模式，文本选择是以行为单位。

（3）Ctrl+v 进入的块可视化模式，可以选择一个矩形内的文本。

模块名称	文件编辑及处理	任务名称	使用 vim		
班级		姓名		日期	

（4）块可视化模式示例：

进入可视化模式的批量修改，方法如下：

①使用 Ctrl+v 进入块编辑模式。

②向下或向上移动光标，把需要注释、编辑的行的开头选中。

③按大写的 I。

④插入注释符或者需要插入的符号，如“#”。

⑤按 Esc 键，就会全部注释或添加。

进入可视化模式的批量删除，步骤如下：

①按 Ctrl+v 进入块编辑模式。

②向下或向上移动光标。

③选中部分内容，然后按 d，就会删除注释符号。

5. diff 命令——文件对比

diff 以逐行的方式比较文本文件的异同之处，结果显示在控制台。此命令也可以比较目录，这里不再阐述。

（1）语法：`vimdiff  file1  file2`

（2）命令示例：

```
cp /etc/passwd test.txt       #将文件/etc/passwd复制一个复本test.txt
echo ××××××>> test.txt        #修改test.txt在最后一行添加××××××
diff /etc/passwd test.txt #比较两个文本
```

运行结果：

```
40a41
> ××××××
```

以上示例中，运行结果为 40 行与 41 行有区别，同时显示不同的内容为 ××××××。

6. vimdiff 命令——文件对比

vimdiff 等同于 vim -d 命令，即 Vim 编辑器的 diff 模式。该命令后面通常会接两个或多个文件名作为参数，这些文件会同时在 Vim 编辑器的分割窗口中打开，并高亮显示文件中内容有差异的部分。打开两个文档的同时，其中一个文件处于编辑状态，如果要切换到另一个文件，使用 Ctrl+ww。

（1）语法：`vimdiff file1  file2`

（2）常用命令：

① qa：退出所有文件。

② wa：保存所有文件。

③ wqa：保存并退出所有文件。

④ qa!：强制退出（不保存）所有文件。

模块名称	文件编辑及处理	任务名称	使用 vim		
班级		姓名		日期	

问题引导 3

使用过程中，diff 和 vimdiff 两个命令应该如何选择？

05 任务实施

以下任务对文件 2 进行以下操作：设置行号；5 、6、7 三行数据复制到文件末尾；删除 8、9 行；将文件中 adm 替换为 pen。

（1）执行 vim 2，打开一个文件名为“2”的文件（如果文件 2 不存在，会新建同名文件并打开），然后按 Shift+ 分号，输入 set nu 设置行号，如图 3-1-1 所示。

（2）将文件 2 中的 5 、6、7 三行数据复制到文件末尾，按两下 Esc 键，输入 5gg3yyGp，运行结果如图 3-1-2 所示。

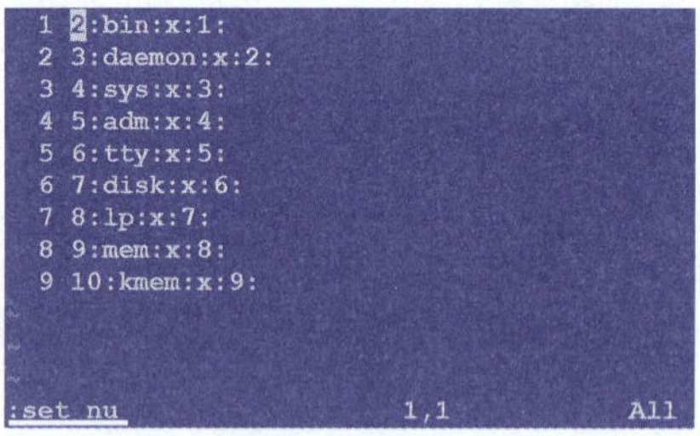

图 3-1-1　文件显示行号

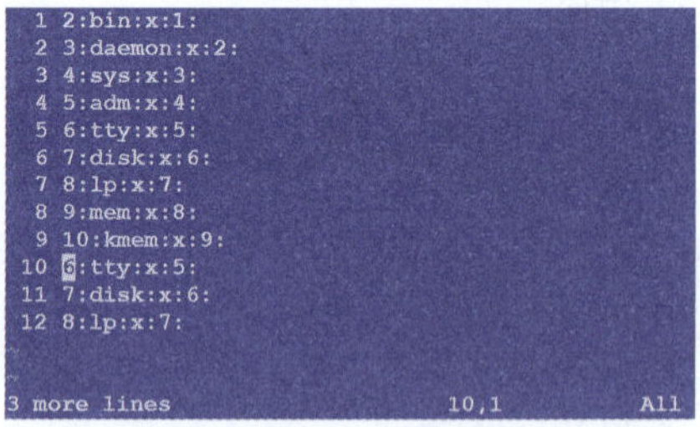

图 3-1-2　使用键盘选择、复制及定位文件内容

（3）删除文件 2 中的第 8、9 行，可以使用两种方式：①按 Shift+ 分号，输入 8,9d，按 Enter 键执行；②按两下 Esc 键，输入 8gg2dd，运行结果如图 3-1-3 所示。

（4）将文件 2 中 adm 替换为 pen，按 Shift+ 分号，输入 1,$s/adm/pen/g，按 Enter 键执行，输入及运行结果如图 3-1-4 所示。

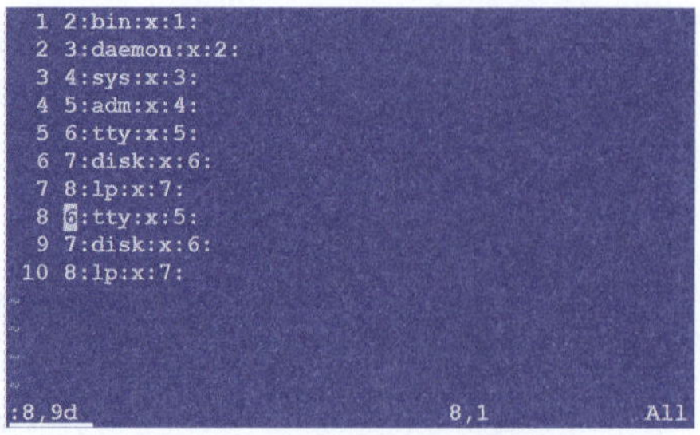

图 3-1-3　删除文件内容

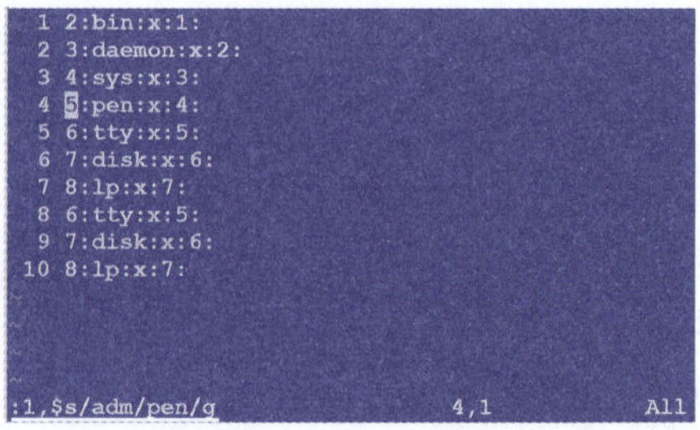

图 3-1-4　文件内容的替换

（5）保存退出，按 Shift+ 分号，输入 wq，按 Enter 键执行。

模块名称	文件编辑及处理	任务名称	使用 vim		
班级		姓名		日期	

06 活页笔记

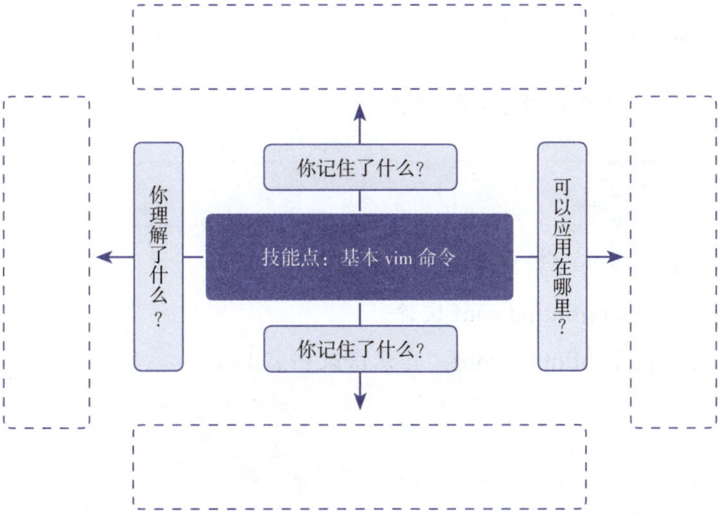

自我分析与总结：

模块名称	文件编辑及处理	任务名称	使用 vim		
班级		姓名		日期	

07 评价反馈

评价细目	评价标准	分值	得分
vim 命令	熟练使用	80	
学习态度	认真自主完成学习实践	20	

08 作业与训练

模拟 Apache http 服务的配置文件，具体要求如下：

（1）新建 /etc/httpd/conf/httpd.conf 文件。

（2）编辑 /etc/httpd/conf/httpd.conf，具体修改内容如下：

```
#增加侦听端口
Listen 8080
#删除ServerName www.example.com:80行前的注释符号
ServerName www.example.com:80
```

（3）修改完成后保存退出。

课程名称	Linux 操作系统应用	模块三　文件编辑及处理			
班级		学时	4	日期	
任务二　掌握管道与重定向					
专业群	群内所有专业	学时	1		

01 任务描述

管道和重定向是 Linux 中强大而实用的功能 ，它们可以使用户更高效地处理一些命令任务，现在小嘉需要将系统配置文件 /etc/group 进行如下操作：

（1）将 /etc/group 的前 10 行保存于新文件 1。

（2）将新文件 1 中不包含 0 字符的行，存于新文件 2。

02 导　学

温馨提示	关键知识点	关键技能
学习完成本任务后，知识和技能可以达到 95% 以上 重点系数：★★★★★ 难度系数：★★★	管道命令，重定向命令，grep 命令	命令的灵活运用

03 学习目标

素质目标	◎具有解决问题的能力和持续学习的态度。
技能目标	◎熟练进行管道及重定向操作。
知识目标	◎理解管道命令，重定向命令，grep 命令的基础语法。

04 相关知识

1. 文件重定向

Linux 中用 0 代表标准输入，1 代表标准正确输出，2 代表标准错误输出。

一般情况下输出的内容会直接在显示器上呈现。输出重定向，当需要输出到指定文件时，需要做如下操作，见表 3-2-1。

模块名称	文件编辑及处理	任务名称	掌握管道与重定向		
班级		姓名		日期	

表 3-2-1 输出重定向类型及符号

类　型	符　号	作　用
标准输出重定向	>	以覆盖的方式把命令正确输出，内容输出到指定的文件或设备中
	>>	以追加的方式把命令正确输出，内容输出到指定的文件或设备中
标准错误输出重定向	2 >	以覆盖的方式把命令错误输出，内容输出到指定的文件或设备中
	2 >	以追加的方式把命令错误输出，内容输出到指定的文件或设备中

命令示例：

```
#ifconfig 命令输出到ip
ifconfig > ip
#ifconfig 命令输出内容追加到test
ifconfig >> test
#/etc/passwd 文件内容输出到test
cat /etc/passwd > test
#如果lovelyway.txt文件存在，文本×××××内容会覆盖原文件内容，如果不存在lovelyway.
txt文件，#则用重定向创建一个新文件
#echo  ××××× > lovelyway.txt
#如果lovelyway.txt文件存在，文本×××××内容在原文件后追加，如果不存在lovelyway.txt
文件，#则用重定向创建一个新文件
#echo  ××××× >> lovelyway.txt
```

2. 管道命令

（1）功能：Linux 操作系统中使用“|”连接多个命令，称为管道符，左边命令的输出会变成右边命令的输入。只要第一个命令向标准输出写入，而第二个命令是从标准输入读取，那么这两个命令就可以形成一个管道。

（2）语法：`command1 | command2 | command3`

（3）说明：管道只能处理经由前面一个指令传出的正确输出信息，对错误信息没有直接处理能力。

（4）命令示例：

```
#使用cat命令查看/var/log/messages文件包含Error关键字的信息
cat /var/log/messages | grep Error
```

以上示例中的 grep 命令是一种强大的文本搜索工具，它能使用正则表达式（这里不进行详细描述）搜索文本，并把匹配的行打印出来。grep 表示全局正则表达式版本，它的使用权限是所有用户。语法如下：

```
grep [options]
```

模块名称	文件编辑及处理	任务名称	掌握管道与重定向		
班级		姓名		日期	

问题引导

思考一下管道与重定向的区别。

参考：重定向操作符 > 或者 >> 将命令与文件连接起来，用文件来接收命令的输出；而管道符“|”将命令与命令连接起来，用第二个命令来接收第一个命令的输出。

05 任务实施

按照要求：小嘉对系统配置文件 /etc/group 进行如下操作：

（1）使用重定向将 group 文件的前 10 行拷贝到文件 1 中，操作及运行结果如图 3-2-1 所示。

```
[root@localhost min]# head -n 10 /etc/group > 1
[root@localhost min]# cat 1
root:x:0:
bin:x:1:
daemon:x:2:
sys:x:3:
adm:x:4:
tty:x:5:
disk:x:6:
lp:x:7:
mem:x:8:
kmem:x:9:
```

图 3-2-1　重定向文件复制

（2）查询文件 1 中不包含 0 字符的行，同时将结果保存到文件 2 中，操作及运行结果如图 3-2-2 所示。

```
[root@localhost min]# grep -nv '0' 1 > 2
[root@localhost min]# cat 2
2:bin:x:1:
3:daemon:x:2:
4:sys:x:3:
5:adm:x:4:
6:tty:x:5:
7:disk:x:6:
8:lp:x:7:
9:mem:x:8:
10:kmem:x:9:
```

图 3-2-2　重定向文件过滤复制

模块名称	文件编辑及处理	任务名称	掌握管道与重定向		
班级		姓名		日期	

06 活页笔记

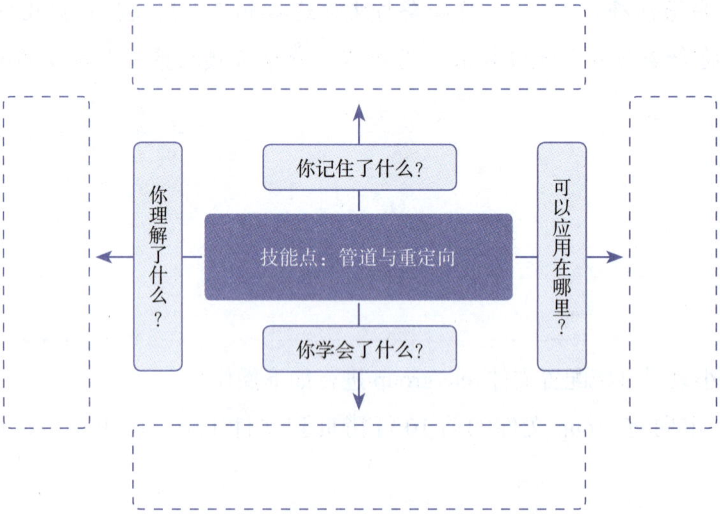

自我分析与总结：

模块名称	文件编辑及处理	任务名称	掌握管道与重定向		
班级		姓名		日期	

07 评价反馈

评价细目	评价标准	分值	得分
管道命令	基本操作熟练使用	40	
文件重定向	基本操作熟练使用	40	
学习态度	认真自主完成学习实践	20	

08 作业与训练

（1）查看 root 目录下的所用文件并把文件内容重定向至 root.txt 文件。

（2）使用命令查看 /etc/passwd 内容并使用 grep 命令显示包含 root 字段的信息。

模块四　用户及组管理

课程名称	Linux 操作系统应用	模块四　用户及组管理			
班级		学时	6	日期	
任务一　修改用户和组的相关配置文件					
专业群	群内所有专业	学时	3		

01 任务描述

小嘉为某公司运营人员，现在需要为系统增加 user003 用户，准备以 root 用户通过修改用户配置文件来实现。

02 导　学

温馨提示	关键知识点	关键技能
学习完成本任务后，知识和技能可以达到 95% 以上 重点系数：★★★★★ 难度系数：★★★	用户、组概念 用户管理 组管理	用户、组管理文件配置

03 学习目标

素质目标	◎具有解决问题的能力和持续学习的态度。
技能目标	◎用户管理。 ◎组管理。
知识目标	◎了解用户、组概念。 ◎理解用户管理。 ◎理解组管理。

04 相关知识

Linux 是多用户多任务的操作系统，多用户多任务是指在系统上建立多个用户，而多个用户可以在同一时间登录同一个操作系统执行各自的任务，而且之间互不影响。其原理是不同用户具有不同的权限，每个用户是在自己的权限范围内完成自身任务，Linux 系统正是通过这种权限的划分与管理，实现了多用户多任务的运行机制。Linux 系统下用户的角色可以分为：

（1）超级用户：拥有对系统的最高控制权，默认是 root 用户，用户 ID 号为 0。

（2）普通用户：只可以对自己的主目录内文件进行访问和修改，具备登录系统的权限。在

模块名称	用户及组管理	任务名称	修改用户和组的相关配置文件		
班级		姓名		日期	

CentOS 7 版本中，用户 ID 号大于或者等于 1 000，在 CentOS 6 版本中，用户 ID 号大于或者等于 500。

（3）虚拟账户：这类账户一般不用来登录系统，主要用于维持某个服务的正常运行。

由于 Linux 是多用户多任务的分时操作系统，当需要系统资源时，就必须向系统管理员申请账户，然后通过申请的账户登录系统。每个用户都有唯一的用户名、用户 ID。用户组是具有相同特性用户的组合，用户组名称、用户组 ID 同样具有唯一性。用户与组的关系如下：

（1）一对一：一个用户可以存在一个组中。

（2）一对多：一个用户可以存在多个组中。

（3）多对一：多个用户可以存在一个组中。

（4）多对多：多个用户可以存在多个组中。

用户及组的配置文件主要有 3 个：系统用户配置文件 /etc/passwd、密码文件 /etc/shadow 和组配置文件 /etc/group。

1. 用户配置文件 /etc/passwd

Linux 操作系统中配置文件 /etc/passwd 属于系统用户配置文件，是用户管理中最重要的一个配置文件。 /etc/passwd 文件内每一行内容对应一个用户，如下所示：

```
lovelyway:x:1000:1000:lovelyway:/home/lovelyway:/bin/bash
```

在该行中各项被冒号（:）分割开，以上显示的详细描述如下：

```
用户名:口令:用户ID:组ID:注释性描述:主目录:默认shell
```

（1）用户名：用户账户字符串，由字母或数字组成。

（2）口令：存放用户加密后的口令，该字段是加密字段。为了加强安全，该字段中只放置一个特殊字符"x"来表示。

（3）用户 ID：每一个用户都有一个唯一的 UID，通常 UID 的取值范围是 0~65 535。其中，0 表示超级用户；1~99 由系统保留，作为系统预设账号；100~499 则保留给一些服务使用。普通用户的 UID 是从 500 开始，CentOS 7 系统则是从 1 000 开始。UID 是 Linux 下确认用户权限的标志，用户的角色和权限都是通过 UID 来实现的，因此多个用户公用一个 UID 是非常危险的，会造成系统权限和管理混乱，因此要尽量保持用户 UID 的唯一性。

（4）组 ID：与用户 UID 类似，这个字段记录了用户所属组的 GID。它对应 /etc/group 文件中的一条记录。

（5）注释性描述：用来对用户信息进行描述。

模块名称	用户及组管理	任务名称	修改用户和组的相关配置文件		
班级		姓名		日期	

（6）主目录：即用户登录后默认所处的目录，同时也可称为用户的家目录、主目录等。

（7）默认 shell：表示用户登录系统后默认使用的 Shell 命令解释器。

2. 密码配置文件 /etc/shadow

该配置文件 /etc/shadow 为用户影子文件，由于 /etc/passwd 文件是所有用户都可读的，这样就导致了用户的密码容易出现泄露，因此，Linux 将用户的密码信息从 /etc/passwd 中分离出来，单独放到一个文件（/etc/shadow）中，该文件只有 root 用户拥有读权限，从而保证了用户密码的安全性。/etc/shadow 文件内每一行内容对应一个用户，如下所示：

```
yway: $6$k. a6ZAICOszK7r. q$qTts/lQF3lGz4JW7TG1. fqRcrxN2r6jZq9YptvqsxW1j5wnkFjKnVSMOFuBj
ZaUptmZSHdR1EXrt1B2m. : : 0: 99999: 7: : :
```

以上配置文件 /etc/shadow 的内容格式如下：

```
用户名:加密口令:最后一次修改时间:最小时间间隔:最大时间间隔:警告时间:不活动时间:失效
时间:保留字段
```

（1）用户名：与 /etc/passwd 文件中的用户名有相同的含义。

（2）加密口令：存放的是加密后的用户口令字符串，如果此字段是“*”“!”“x”等字符，则对应的用户不能登录系统。

（3）最后一次修改时间：表示从某个时间起，到用户最近一次修改口令的间隔天数。可以通过 passwd 来修改用户的密码，然后查看 /etc/shadow 中此字段的变化。

（4）最小时间间隔：表示两次修改密码之间的最小时间间隔。

（5）最大时间间隔：表示两次修改密码之间的最大时间间隔，这个设置能增强管理员管理用户的时效性。

（6）警告时间：表示从系统开始警告用户到密码正式失效之间的天数。

（7）不活动时间：此字段表示用户口令作废多少天后，系统会禁用此用户，也就是说系统不再让此用户登录，也不会提示用户过期，是完全禁用。

（8）失效时间：表示该用户的账号生存期，超过这个设定时间，账号失效，用户就无法登录系统了。如果这个字段的值为空，账号永久可用。

（9）保留字段：Linux 的保留字段，目前为空，以备 Linux 日后发展之用。

3. 组配置文件 /etc/group

该配置文件为组配置文件，存储用户组信息。/etc/shadow 文件内每一行内容对应一个用户，如下所示：

模块名称	用户及组管理	任务名称	修改用户和组的相关配置文件		
班级		姓名		日期	

```
lovelyway: x: 1000: lovelyway
```

以上显示内容的记录格式为：

```
组名:口令:组ID:组内用户列表
```

（1）组名：用户组名称，由字母或数字组成，具有唯一性。

（2）口令：存放用户组加密后的口令，默认情况下用户组是没有口令的，可以通过 gpasswd 给用户组设置口令。

（3）组 ID：即 GID，与 /etc/passwd 配置文件中的组 ID 对应。

（4）组内列表：显示用户组包含的所有用户，多个用户之间用逗号分割。

05 任务实施

以下完成小嘉的任务，使用 root 用户进行用户 user003 的添加，以下通过修改各配置文件来添加用户，读者可以按照以下操作步骤完成。

（1）编辑 /etc/passwd 用户配置文件，在文件最后按照“用户名 : 口令 : 用户标识号 : 组标识号 : 注释性描述 : 主目录 : 登录 Shell”格式添加一行用户数据，添加内容如图 4-1-1 所示。

```
user003:x:1003:1003:user003:/home/user003:/bin/bash
```

图 4-1-1　用户配置文件添加用户

（2）生成密码，-1 表示使用 MD5 算法对用户输入密码进行加密。命令及运行结果如图 4-1-2 所示。

```
[root@localhost /]# openssl passwd -1
Password:
Verifying - Password:
$1$b7xrdCUK$3Uhedy1LBcz4AkWEtwMVc1
```

图 4-1-2　加密码算法得到加密口令

（3）编辑 /etc/shadow 文件，在文件最后按照“登录名 : 加密口令 : 最后一次修改时间 : 最小时间间隔 : 最大时间间隔 : 警告时间 : 不活动时间 : 失效时间 : 标志”格式添加一行用户密码信息，添加内容如图 4-1-3 所示。

```
user003:$1$b7xrdCUK$3Uhedy1LBcz4AkWEtwMVc1:19090:0:99999:7:::
```

图 4-1-3　密码文件添加用户信息

模块名称	用户及组管理	任务名称	修改用户和组的相关配置文件		
班级		姓名		日期	

（4）编辑 /etc/group 文件，在文件最后按照“组名 : 口令 : 组标识号 : 组内用户列表”格式添加一行用组信息，添加内容如图 4-1-4 所示。

```
user003:x:1003:
```

图 4-1-4　组文件添加用户组信息

（5）在根目录的 home 目录下，创建用户主目录 user003，命令如图 4-1-5 所示。

```
[root@localhost /]# mkdir /home/user003
```

图 4-1-5　创建用户主目录

（6）为用户目录添加环境变量和配置信息，命令如图 4-1-6 所示。

```
[root@localhost /]# cp -r /etc/skel/. /home/user003
```

图 4-1-6　添加环境变量及配置信息

（7）修改用户主目录和主目录下文件的属主和属组，命令如图 4-1-7 所示。

```
[root@localhost /]# chown -R user003:user003 /home/user003
```

图 4-1-7　修改主目录的属主和属组

（8）修改用户文件的权限，部分设置组（group）和其他用户（others）的权限为空。这意味着组和其他用户将失去对该目录及其内容的所有权限（读、写、执行），命令如图 4-1-8 所示。

```
[root@localhost /]# chmod -R go=  /home/user003
```

图 4-1-8　修改文件的权限

（9）用户创建完成，登录服务器，在控制台命令行登录页面如图 4-1-9 所示。

```
login as: user003
user003@192.168.142.128's password:
Last login: Fri Apr  8 06:02:23 2022 from 192.168.142.1
[user003@localhost ~]$
```

图 4-1-9　命令界面登录

模块名称	用户及组管理	任务名称	修改用户和组的相关配置文件		
班级		姓名		日期	

06 活页笔记

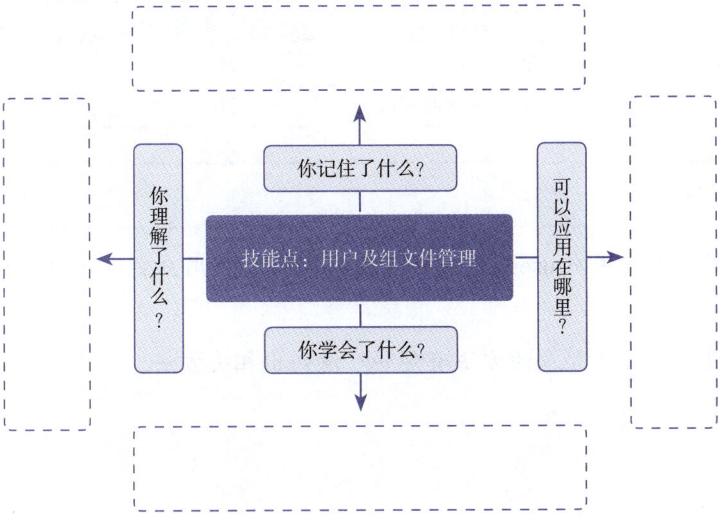

自我分析与总结：

模块名称	用户及组管理	任务名称	修改用户和组的相关配置文件		
班级		姓名		日期	

07 评价反馈

评价细目	评价标准	分值	得分
用户及组管理文件配置	熟练使用	80	
学习态度	认真自主完成学习实践	20	

08 作业与训练

（1）如果想把普通用户 user1 改成超级用户，而 root 用户变成普通用户，是否可行？如果可行，需要怎么操作？

（2）禁止用户 user01 登录的方法有哪些？请列出相关方法。

课程名称	Linux 操作系统应用	模块四　用户及组管理			
班级		学时	6	日期	
任务二　掌握用户和组的相关操作					
专业群	群内所有专业	学时	3		

01 任务描述

某公司新购一台服务器已安装 CentOS 7，服务器管理员小嘉给公司员工建立账户和组群，并维护和管理用户和组群。

02 导　学

温馨提示	关键知识点	关键技能
学习完成本任务后，知识和技能可以达到 95% 以上 重点系数：★★★★★ 难度系数：★★★	用户和组相关管理功能	用户、组管理命令操作

03 学习目标

素质目标	◎具有解决问题的能力和持续学习的态度。
技能目标	◎熟练使用用户管理的操作命令。 ◎熟练使用组管理的操作命令。
知识目标	◎理解用户管理的命令及参数。 ◎理解组管理的命令及参数。

04 相关知识

以下内容依次将用户及组的相关操作命令功能、语法及参数进行说明，并且可以参照命令示例。

1. useradd 命令

（1）功能：useradd 命令用于创建用户，也可以写成 adduser。

（2）语法：`useradd  [options]  username`

（3）参数 [options]：

-c < 备注 >：加上备注文字。备注文字会保存在 passwd 的备注栏位中。

-d < 目录 >：指定用户登录时的起始目录（家目录或者主目录），如果没有指定，则按默认起始目录，即为 /home 目录下的与用户名同名目录。

模块名称	用户及组管理	任务名称	掌握用户和组的相关操作		
班级		姓名		日期	

-D：变更预设值。

-e < 有效期限 >：指定账号的有效期限。

-f < 缓冲天数 >：指定在密码过期后多少天关闭该账号。

-g < 群组 >：指定用户所属的群组。

-G < 群组 >：指定用户所属的附加群组。

-m：自动建立用户的登录目录。

-M：不要自动建立用户的登录目录。

-n：取消建立以用户名称为名的群组。

-r：建立系统账号。

-s <shell>：指定用户登录后所使用的 Shell。

-u <uid>：指定用户 ID。

（4）命令示例：

```
#增加一般用户user01
useradd user01
#增加用户user02至group01组
useradd -g group01 user02
#增加用户user03并指定user03的主目录为/home/myhome
useradd -d /home/myhome -m user03
#增加user01并禁止user01登录
useradd user01 -s /sbin/nologin
```

2. chage 命令

（1）功能：修改账户和密码的有效期。

（2）语法： `chage [options] user`

（3）参数 [options]：

-m：密码可更改的最小天数，为 0 时代表任何时候都可以更改密码。

-M：密码保持有效的最大天数。

-W：用户密码到期前，提前收到警告信息的天数。

-E：账号到期的日期，过了这天，此账号将不可用。

-d：上一次更改的日期，为 0 表示强制在下次登录时更新密码。

（4）命令示例：

```
#查看root用户的密码及有效期
chage -l root
#强制新增用户user01首次登录修改密码
 chage -d 0 usre01
#用户user01的密码快要过期的8天内，系统会持续对用户进行警告
chage -W 8 user01
```

模块名称	用户及组管理	任务名称	掌握用户和组的相关操作		
班级		姓名		日期	

3. userdel 命令

（1）功能：删除用户账号。

（2）语法：`userdel [options] username`

（3）参数 [options]：

-r：删除用户登录目录以及目录中所有的文件。

-f：强制。

（4）命令示例：

```
#删除 user01账户，但不删除user01主目录
userdel user01
#删除 user01账户，并删除user01的主目录
userdel -r user01
```

4. usermod 命令

（1）功能：删除用户账号。

（2）语法：`usermod [options] username`

（3）参数 [options]：

-u <uid>：修改用户 ID。

-d < 目录 >：宿主目录。

-g < 群组 >：修改起始组，只能有一个。

-G < 群组 >：修改附加组，可以有多个。

-s <shell>：修改用户登录 Shell。

-L：锁定用户。

-U：解锁用户。

-c < 备注 >：修改或者添加备注文字。

（4）命令示例：

```
#修改 user02账户的用户ID
usermod -u 1111 user02
#为user02添加说明信息
usermod -c "hello centOS" user02
```

说明：如果记不住命令，可直接输入 vim /etc/passwd，然后对配置文件 /etc/passwd 进行修改。

5. groupadd 命令

（1）功能：增加组。

（2）语法：`groupadd [-g gid [-o]] [-r] [-f] group`

模块名称	用户及组管理	任务名称	掌握用户和组的相关操作		
班级		姓名		日期	

（3）参数：

-g：指定新建工作组的 id。

-r：创建系统工作组。

-K：覆盖配置文件 "/ect/login.defs"。

-p：设置组密码。

-f：如果指定的组已经存在，此选项将忽略这个错误，仅以成功状态退出。当与 -g 一起使用，并且指定的 GID_MIN 已经存在时，选择另一个唯一的 GID（即 -g 关闭）。

（4）命令示例：

```
#新增组group01
groupadd group01
#新增组group02，设置组ID为1002
groupadd -g 1002 group02
```

6. groupdel 命令

（1）功能：删除组。

（2）语法：`groupdel [options] GROUP`

（3）参数 [options]：

-f：强制

（4）命令示例：

```
#删除组group01
groupdel group01
```

7. passwd 命令

（1）功能：修改用户密码。

（2）语法：`passwd [OPTION] <accountName>`

（3）参数 [OPTION]：

-d：删除密码。

-f：强迫用户下次登录时必须修改密码。

-e：设置密码过期。

-l：停止账号使用。

-S：显示密码信息。

-u：启用已被停止的账户。

（4）命令示例：

```
#修改用户user01密码
passwd user01
#禁用user01账户
passwd -l user01
```

模块名称	用户及组管理	任务名称	掌握用户和组的相关操作		
班级		姓名		日期	

```
#解锁被锁定的user01账户
passwd -u user01
#设置user01密码过期
passwd -e user01
#删除用户user01密码（删除后user01无法登录）
passwd -d user01
```

8. 查看用户相关命令

（1）查看用户常用命令如下：

id <用户名>：用户和组的信息。

whoami：查看当前有效用户名。

who：显示目前登录系统的用户信息。

w：w 命令用于显示已经登录系统的用户列表。

users：用于显示当前登录系统的所有用户的用户列表。

（2）命令示例：

```
#查看用户user03的用户和组的信息
Id user03
#查看当前有效用户名
whoami
#显示目前登录系统的用户信息
who
# w命令用于显示已经登录系统的用户列表
w
#用于显示当前登录系统的所有用户的用户列表
users
```

问题引导

如果两个用户的密码一样，那么 shadow 中加密的 hash 值（密文）一样吗？

模块名称	用户及组管理	任务名称	掌握用户和组的相关操作		
班级		姓名		日期	

05 任务实施

按照任务描述，服务器管理员小嘉在已安装 CentOS 7 的服务器分配账户和组群，需要先进行组群账号建立，然后在组里添加用户账号（任务一通过配置文件来添加用户，本任务相关知识中学习了添加用户账号的命令，通过命令来添加用户）。

1. 组群账户管理

（1）创建用户组 group4，组号为 1004，再查看组配置文件 /etc/group 尾部，可以看到新添加的组信息，命令如图 4-2-1 所示。

```
[root@localhost /]# groupadd -g 1004 group4
[root@localhost /]# tail -1 /etc/group
group4:x:1004:
```

图 4-2-1　groupadd 命令操作

（2）修改用户组，将组 group4，组名改成 group5，组号改成 1005，命令如图 4-2-2 所示。

```
[root@localhost ~]# groupmod -n group5 -g 1005 group4
[root@localhost ~]# tail -1 /etc/group
group5:x:1005:
```

图 4-2-2　groupmod 命令操作

（3）删除将用户组 group5，命令如图 4-2-3 所示。

```
[root@localhost ~]# groupdel group5
[root@localhost ~]# tail -1 /etc/group
user003:x:1003:
```

图 4-2-3　groupdel 命令操作

根据上述操作，创建用户组 group4 组后，改名为 group5 并删除，后续要使用 group5 可再执行命令 groupadd -g 1004 group4。

2. 用户账户管理

（1）创建用户 user004，用户 ID 为 1004，所属组为 group4，命令如图 4-2-4 所示。

```
[root@localhost home]# useradd -g group4 -d /home/user004 -u 1004 user004
[root@localhost home]# tail -1 /etc/passwd
user004:x:1004:1004::/home/user004:/bin/bash
```

图 4-2-4　useradd 命令操作

（2）修改用户，把用户 user004 重命名为 user005，将其主目录更改为 /home/user005，并将其主要组更改为 group5，命令如图 4-2-5 所示。

模块名称	用户及组管理	任务名称	掌握用户和组的相关操作		
班级		姓名		日期	

```
[root@localhost home]# usermod -d /home/user005 -l user005 -g group5 user004
[root@localhost home]# tail -1 /etc/passwd
user005:x:1004:1005::/home/user005:/bin/bash
```

图 4-2-5　usermod 命令操作

（3）设置 user005 的密码，并在密码文件 /etc/shadow 查看，命令如图 4-2-6 所示。

```
[root@localhost home]# passwd user005
Changing password for user user005.
New password:
Retype new password:
passwd: all authentication tokens updated successfully.
[root@localhost home]# tail -1 /etc/shadow
user005:$6$wuXfC/.h$ETUDxq/Ak8LpeQ/8ulF900ZhpCmdZqC2EfMJe8mHdX9cUpj
aDIziOKcWNE40ztRMUlZQO.8S/:19091:0:99999:7:::
```

图 4-2-6　passwd 命令操作

（4）锁定用户 user005，命令如图 4-2-7 所示。

```
[root@localhost home]# usermod -L user005
[root@localhost home]# tail -1 /etc/shadow
user005:!$6$wuXfC/.h$ETUDxq/Ak8LpeQ/8ulF900ZhpCmdZqC2EfMJe8mHdX9cUp
jRufuD/bo5Vw7QaDIziOKcWNE40ztRMUlZQO.8S/:19091:0:99999:7:::
```

图 4-2-7　用户锁定操作

（5）解除对用户 user005 的锁定，命令如图 4-2-8 所示。

```
[root@localhost home]# usermod -U user005
[root@localhost home]# tail -1 /etc/shadow
user005:$6$wuXfC/.h$ETUDxq/Ak8LpeQ/8ulF900ZhpCmdZqC2EfMJe8mHdX9cUpj
RufuD/bo5Vw7QaDIziOKcWNE40ztRMUlZQO.8S/:19091:0:99999:7:::
```

图 4-2-8　解除用户锁定操作

（6）删除用户 user005，命令如图 4-2-9 所示。

```
[root@localhost home]# userdel user005
[root@localhost home]# tail -1 /etc/passwd
user003:x:1003:1003:user003:/home/user003:/bin/bash
```

图 4-2-9　userdel 命令操作

根据上述操作，创建用户 user005，并进行管理。

3. 用户和组群维护命令

（1）锁定账户 user005，查看密码文件，加密后的密码前面多了“!!”符号，命令如图 4-2-10 所示。

```
[root@localhost home]# passwd -l user005
Locking password for user user005.
passwd: Success
[root@localhost home]# tail -1 /etc/shadow
user005:!!$6$W0Fjckyg$Svf2uQ7YtntCFLOToYkmoq0qvf8OOQccK0KukabxepQx2
52375pKhqCvxxwspphNsB5NnpfUoZMFYjwtPohoG1:19091:0:99999:7:::
```

图 4-2-10　passwd 命令锁定账户

模块名称	用户及组管理	任务名称	掌握用户和组的相关操作		
班级		姓名		日期	

（2）解锁账户 user005，命令如图 4-2-11 所示。

```
[root@localhost home]# passwd -u user005
Unlocking password for user user005.
passwd: Success
[root@localhost home]# tail -1 /etc/shadow
user005:$6$W0Fjckyg$Svf2uQ7YtntCFLOToYkmoq0qvf8OOQccK0KukabxepQx252
375pKhqCvxxwspphNsB5NnpfUoZMFYjwtPohoG1:19091:0:99999:7:::
```

图 4-2-11　passwd 命令解锁账户

（3）查询账户 user005 的状态，命令如图 4-2-12 所示。

```
[root@localhost home]# passwd -S user005
user005 PS 2022-04-09 0 99999 7 -1 (Password set, SHA512 crypt.)
```

图 4-2-12　passwd 命令查询账户状态

（4）查看用户 user005 的 UID GID 以及归属组群情况，命令如图 4-2-13 所示。

```
[root@localhost home]# id user005
uid=1004(user005) gid=1005(group5) groups=1005(group5)
```

图 4-2-13　查看账户用户 ID 及组 ID 情况

（5）显示登录系统的用户信息，命令如图 4-2-14 所示。

```
[root@localhost home]# w
 11:26:19 up 50 min,  2 users,  load average: 0.00, 0.02, 0.05
USER     TTY      FROM             LOGIN@   IDLE   JCPU   PCPU WHAT
root     pts/0    192.168.142.1    10:37    3.00s  0.69s  0.01s w
root     :0       :0               10:38   ?xdm?   1:30   0.35s /usr/libexe
```

图 4-2-14　查看登录系统的用户信息

（6）所有登录用户，命令如图 4-2-15 所示。

```
[root@localhost home]# who
root     pts/0        2022-04-09 10:37 (192.168.142.1)
root     :0           2022-04-09 10:38 (:0)
```

图 4-2-15　查看登录用户

4. 账户安全

（1）设置密码失效时间为 30 天后，命令如图 4-2-16 所示。

```
[root@localhost home]# chage -I 30 user005
[root@localhost home]# tail -1 /etc/shadow
user005:$6$W0Fjckyg$Svf2uQ7YtntCFLOToYkmoq0qvf8OOQccK0KukabxepQx252375pKhqC
vxxwspphNsB5NnpfUoZMFYjwtPohoG1:19091:0:99999:7:30::
```

图 4-2-16　设置密码过天数

（2）设置账户过期时间，命令如图 4-2-17 所示。

```
[root@localhost home]# chage -E 2022-06-30 user005
[root@localhost home]# tail -1 /etc/shadow
user005:$6$W0Fjckyg$Svf2uQ7YtntCFLOToYkmoq0qvf8OOQccK0KukabxepQx252375pKhqC
vxxwspphNsB5NnpfUoZMFYjwtPohoG1:19091:0:99999:7:30:19173:
```

图 4-2-17　设置密码过期时间

模块名称	用户及组管理	任务名称	掌握用户和组的相关操作		
班级		姓名		日期	

06 活页笔记

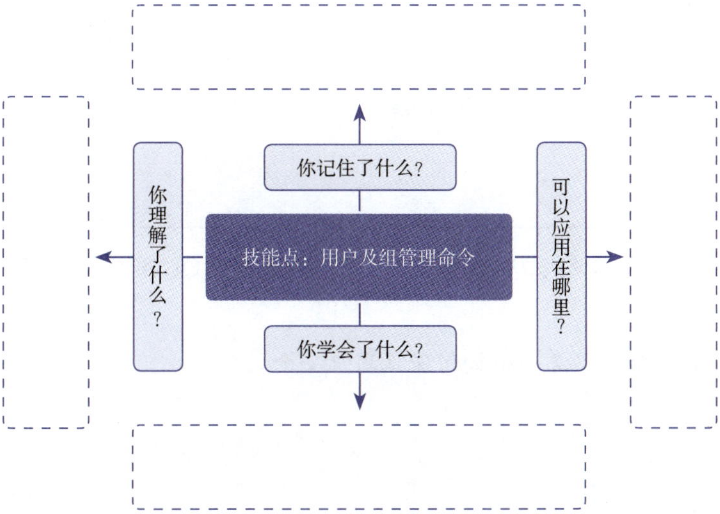

自我分析与总结：

模块名称	用户及组管理	任务名称	掌握用户和组的相关操作		
班级		姓名		日期	

07 评价反馈

评价细目	评价标准	分值	得分
用户及组管理命令	熟练使用	40	
学习态度	认真自主完成学习实践	20	

08 作业与训练

（1）配置 MySQL 编译安装所需的用户环境，新增 MySQL 用户、组，但不允许 MySQL 用户登录系统。

（2）利用安全思维，思考一下如何保证用户安全。

模块五　文件系统的权限管理

课程名称	Linux 操作系统应用	模块五　文件系统的权限管理			
班级		学时	6	日期	
任务一　文件基本权限查看与操作					
专业群	群内所有专业	学时	4		

01 任务描述

文件系统权限管理是 Linux 系统管理的重要环节之一，通过明晰的权限规划达到提升系统安全的目的。某公司服务器管理员要离职，现将服务器维护日志交接给其他部门同事查看和修改。

02 导　学

温馨提示	关键知识点	关键技能
学习完成本任务后，知识和技能可以达到 95% 以上 重点系数：★★★★★ 难度系数：★★★	文件权限修改	管理命令运用

03 学习目标

素质目标	◎具有解决问题的能力和持续学习的态度。
技能目标	◎掌握文件权限管理命令的运用。
知识目标	◎掌握文件权限管理的原理。 ◎掌握文件权限管理的相关命令。

04 相关知识

Linux 是多用户操作系统，在 Linux 系统内，一切皆为文件。通过设置权限可以完成文件以下 3 种访问权限的限制：

（1）用户自己访问。

（2）一个预先指定的用户组中的用户访问。

（3）系统中的任何用户访问。

一个文件可能有读、写及执行权限，当用户创建文件时系统会自动赋予文件所有者读和写的权限。在 Linux 系统中文件系统的权限可以分为文件所有者、用户组、其他用户。

（1）文件所有者是指创建文件的用户，即用户是用户所创建文件的所有者，例如，user01

模块名称	文件系统的权限管理	任务名称	文件基本权限查看与操作		
班级		姓名		日期	

用户创建了 test 文件，则 test 文件的所有者为 user01。

（2）用户组合成用户组，例如，某一类或某一项目中的所有用户都能够被系统管理员归为一个用户组，一个用户能够授予所在用户组的其他成员的文件访问权限。最后，用户也将自己文件向系统内的所有用户开放，在这种情况下，系统内的所有用户都能够访问用户的目录或文件。

（3）其他用户是指除了文件所有者及所属用户组的用户。

每一个用户都有其自身的读、写和执行权限。第一部分权限控制访问自己的文件权限，即所有者权限；第二部分权限控制用户组访问其中一个用户文件的权限；第三部分权限控制其他所有用户访问一个用户文件的权限。这三部分权限赋予用户不同类型（即所有者、用户组和其他用户）的读、写及执行权限就构成了一个有 9 种类型的权限组。

1. 文件权限查看

用户执行 ll 命令后，显示当前路径下文件的详细内容，如图 5-1-1 所示。

```
[root@lovelyway /]# ll
总用量 24
lrwxrwxrwx.   1 root root    7 2月    9 2023 bin -> usr/bin
dr-xr-xr-x.   5 root root 4096 2月    9 2023 boot
drwxr-xr-x.  20 root root 3320 11月  12 19:07 dev
drwxr-xr-x. 134 root root 8192 11月  12 19:08 etc
drwxr-xr-x.   3 root root   23 2月    9 2023 home
```

图 5-1-1　设置密码过期时间

（1）每行第 1 个字符一般用来区分文件和目录。

① d：表示一个目录，目录是一个特殊的文件。

② -：表示这是一个普通的文件。

③ l：表示这是一个符号链接文件，实际上它指向另一个文件。

④ b、c：分别表示区块设备和其他外围设备，是特殊类型的文件。

（2）每行第 2~4 个字符，为一组，代表文件所有者的权限。

①第 2 个字符，表示 r（read，读取）。

②第 3 个字符，表示 w（write，写）。

③第 4 个字符，表示 x（execute，执行）。

（3）第 5~7 个字符，为一组，代表与所有者同一组的权限。

①第 5 个字符，表示 r（read，读取）。

②第 6 个字符，表示 w（write，写）。

③第 7 个字符，表示 x（execute，执行）。

（4）第 8~10 字符，为一组，代表其他用户的权限。

①第 8 个字符，表示 r（read，读取）。

模块名称	文件系统的权限管理	任务名称	文件基本权限查看与操作		
班级		姓名		日期	

②第 9 个字符，表示 w（write，写）。

③第 10 个字符，表示 x（execute，执行）。

在第 2~10 个字符位置上，如果是对应的字母 r、w 或者 x，表示该位置有对应的权限，如果为 ~，表示没有对应的权限。如果文件类型为目录，r、w 及 x 表示的意思略有不同。

① r：表示看到目录里面有什么，对该目录可操作的命令为 ls。

② w：表示可在目录里新建、删除、移动文件或目录，对该目录可操作的命令为 touch、mkdir、rm、mv、cp。

③ x：表示可进入该目录，对该目录可操作的命令为 cd、cat。

2. 修改文件属组属性

（1）chown 命令。

①语法：`chown [OPTION]... [OWNER][:[GROUP]] FILE...`

②参数 [OPTION]：

owner : 新的文件拥有者的用户 ID。

group : 新的文件拥有者的用户组（group）。

-R : 处理指定目录以及其子目录下的所有文件。

③命令示例：

```
#将文件 file1.txt 的拥有者设为test，所属用户组group01
chown tet:group01 file1.txt
#将当前前目录下的所有文件与子目录的拥有者皆设为test，所属用户组test
chown -R test:test *
```

（2）chgrp 命令。

①语法：`chgrp [OPTION]... GROUP FILE...`

②参数 [OPTION]：

-c 或 --changes：效果类似”-v” 参数，但仅回报更改的部分。

-f 或 --quiet 或 --silent：不显示错误信息。

-h 或 --no-dereference：只对符号连接的文件进行修改，而不改动其他任何相关文件。

-R 或 --recursive：递归处理，将指定目录下的所有文件及子目录一并处理。

-v 或 --verbose：显示指令执行过程。

③命令示例：

```
#修改 t1.txt的所属用户组为user01
chgrp -v user01 t1.txt
```

模块名称	文件系统的权限管理	任务名称	文件基本权限查看与操作		
班级		姓名		日期	

问题引导 1

/etc/shadow 文件对于任何用户来说都不具有 rwx 权限，root 用户可以修改这个文件吗？

3. 修改文件权限

（1）文件权限的定义对象。

① owner 属主，缩写 u。

② group 属组，缩写 g。

③ other 其他，缩写 o。

（2）每个文件针对每类访问者定义了 3 种主要权限。

① r：Read（读）。

② w：Write（写）。

③ x：execute（执行）。

说明：root 账户不受文件权限的读 / 写限制，但执行权限受限制。

（3）操作符。

```
#添加权限
+
#减少权限
-
#直接给定一个权限
=
```

（4）chmod 命令——使用字符修改文件权限。

①功能：修改文件、目录权限。

②语法：`chmod [对谁操作] [操作符] [权限] 文件名`

③参数的解析如下：

[对谁操作]：

u----> 用户 user，表示文件或目录的所有者。

g----> 用户组 group，表示文件或目录所属的用户组。

o----> 其他用户 others。

a----> 所有用户 all。

模块名称	文件系统的权限管理	任务名称	文件基本权限查看与操作		
班级		姓名		日期	

```
[操作符]:
+: 添加权限。
-: 减少权限。
=: 直接给定一个权限。
[权限]:
r    w    x
```

④命令示例:

```
#test文件去掉所有者写权限
chmod u-w test
#test文件去掉所有者可执行权限
chmod u+x test
```

（5）chmod 命令——使用数字修改文件权限。

①使用 0~7 的数字表示权限法，具体见表 5-1-1。

表 5-1-1 使用 0~7 的数字表示权限法

权限	二进制值	八进制值	描述
---	000	0	没有任何权限
--x	001	1	只有执行权限
-w-	010	2	只有写入权限
-wx	011	3	有写入和执行权限
r--	100	4	只有读取权限
r-x	101	5	有读取和执行权限
rw-	110	6	有读取和写入权限
rwx	111	7	有全部权限

②命令示例:

```
#增加test文件的可执行权限
chmod 755 test
chmod 777 test（赋值所有权限，等同于 chmod a=rwx test）
```

（6）权限掩码（补码）umask 及文件默认权限。

umask 命令与文件和目录的默认访问权限有关。若用户创建一个文件，则文件的默认访问权限为 -rw-rw-rw-，创建目录的默认权限为 drwxrwxrwx。这些权限从何而来，可查看下面文件默认访问权限计算过程，而 umask 值则表明了需要从默认权限中去掉哪些权限来成为最终的默认权限值。默认情况下，当 UID 大于 199 且用户的组名和用户名一样时，umask 值为 002，否则为 022（具体可以查看 /etc/profile 的 59~63 行）。

①文件默认访问权限计算过程:

• 将基础权限（目录 777、文件 666）和 umask 值都转换为二进制。

• 对 umask 取反。

模块名称	文件系统的权限管理	任务名称	文件基本权限查看与操作		
班级		姓名		日期	

• 将默认权限和 umask 取反后的值做与运算。

• 将得到的二进制值再转换为八进制，即为权限。

②查看及修改 umask：

```
#查看当前用户的权限掩码
umask
#临时修改
umask 023
#永久修改，编辑/etc/bashrc 配置文件内的umask值即可
```

05 任务实施

1. 查看用户

输入命令 vim /etc/passwd，tom 用户和 sam 用户属于同一用户组，文件 /etc/passwd 中用户 root、tom 和 sam 信息如图 5-1-2 所示。

```
root:x:0:0:root:/root:/bin/bash
tom:x:1003:101::/home/tom:/bin/bash
sam:x:1000:101::/home/sam:/bin/bash
```

图 5-1-2　查看用户所属用户组

2. 查看服务器维护日志权限

使用 ll 命令查看当前目录下的文件详细信息，如 operation.txt 文件的前 10 个字符“-rw-r--r--”，可以看出该文件的权限为：对于所属用户有读写权限，对于所属组其他用户和不是同一组的用户只有读的权限，如图 5-1-3 所示。

```
[root@localhost home]# ll
total 4
drwx------. 2 gem  root    62 Apr  8 03:54 gem
drwxr-xr-x. 2 root root   108 Apr  7 23:37 min
-rw-r--r--. 1 root root    52 Apr  8 04:06 operation.txt
drwx------. 3 sam  group1 118 Apr  7 03:03 sam
drwx------. 2 tome tome    62 Apr  8 03:53 tome
```

图 5-1-3　查看文件权限

3. 修改文件的属主和属组

（1）将文件 operation.txt 属主由 root 变为 sam 用户，属组也相应修改，如图 5-1-4 所示。

（2）sam 用户登录服务器，operation.txt 的属主为 sam，如图 5-1-5 所示。执行命令 vi operation.txt，可以查看和修改 operation.txt 文件，如图 5-1-6 所示。

模块名称	文件系统的权限管理	任务名称	文件基本权限查看与操作		
班级		姓名		日期	

```
[root@localhost home]# chown sam: operation.txt
[root@localhost home]# ll
total 4
drwx------. 2 gem  root    62 Apr  8 03:54 gem
drwxr-xr-x. 2 root root   108 Apr  7 23:37 min
-rw-r--r--. 1 sam  group1  52 Apr  8 05:57 operation.txt
drwx------. 3 sam  group1 118 Apr  7 03:03 sam
drwx------. 2 tom  group1  62 Apr  8 05:39 tom
drwx------. 2 tome tome    62 Apr  8 03:53 tome
```

图 5-1-4　用 chown 命令修改文件属主

```
[sam@localhost home]$ ll
total 4
drwx------. 2 gem  root    83 Apr  8 05:59 gem
drwxr-xr-x. 2 root root   108 Apr  7 23:37 min
-rw-r--r--. 1 sam  group1  52 Apr  8 05:57 operation.txt
drwx------. 3 sam  group1 118 Apr  7 03:03 sam
drwx------. 2 tom  group1  62 Apr  8 05:39 tom
drwx------. 2 tome tome    62 Apr  8 03:53 tome
[sam@localhost home]$ vi operation.txt
```

图 5-1-5　查看 operation.txt 属主

```
2022-04-05 Running well
2022-04-06 Add 1T hard disk
2022-04-07 sam write
~
~
~
-- INSERT --
```

图 5-1-6　执行 vi 命令后的可编辑页面（一）

4. 修改文件属组权限

（1）在图 5-1-5 中，operation.txt 的属主为 sam，其他用户只有对文件的只读权限，tom 用户登录服务，执行命令 vi operation.txt，因为不是属主，无法编辑 operation.txt 文件，如图 5-1-7 所示。

```
2022-04-05 Running well
2022-04-06 Add 1T hard disk
2022-04-07 sam write
~
~
-- INSERT -- W10: Warning: Changing a readonly file
```

图 5-1-7　执行 vi 命令后的可编辑页面（二）

模块名称	文件系统的权限管理	任务名称	文件基本权限查看与操作		
班级		姓名		日期	

（2）sam 用户对文件属组赋予读写权限，如图 5-1-8 所示。

```
[sam@localhost home]$ chmod g=rw operation.txt
[sam@localhost home]$ ll
total 4
drwx------. 2 gem  root    83 Apr  8 05:59 gem
drwxr-xr-x. 2 root root   108 Apr  7 23:37 min
-rw-rw-r--. 1 sam  group1  73 Apr  8 06:03 operation.txt
drwx------. 3 sam  group1 118 Apr  8 06:03 sam
drwx------. 2 tom  group1  62 Apr  8 05:39 tom
drwx------. 2 tome tome    62 Apr  8 03:53 tome
```

图 5-1-8　执行 chmod 命令修改文件权限

（3）赋予权限后，tom 用户也可以修改 operation.txt 文件，如图 5-1-9 所示。

```
2022-04-05 Running well
2022-04-06 Add 1T hard disk
2022-04-07 sam write
2022-04-07 tom write
~
~
~
-- INSERT --
```

图 5-1-9　属组内用户修改文件

以上操作以 operation.txt 为例，修改文件的属主（所属用户）及文件的读写权限。

问题引导 2

将一个普通文件加上可执行权限，执行 ll 命令查看详细信息，看一下文件颜色变化。

模块名称	文件系统的权限管理	任务名称	文件基本权限查看与操作		
班级		姓名		日期	

06 活页笔记

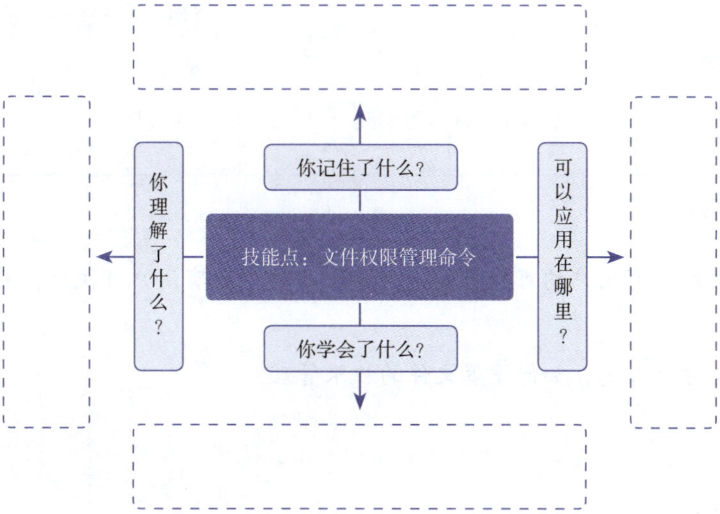

自我分析与总结：

模块名称	文件系统的权限管理	任务名称	文件基本权限查看与操作		
班级		姓名		日期	

07 评价反馈

评价细目	评价标准	分值	得分
文件权限管理命令	熟练使用	80	
学习态度	认真自主完成学习实践	20	

08 作业与训练

（1）如何实现所有用户均可执行 test.sh 脚本文件（所有用户可执行，并非所有用户可编辑）？

（2）从安全方面考虑，如何设置文件的权限管理？

课程名称	Linux 操作系统应用	模块五　文件系统的权限管理			
班级		学时	6	日期	
任务二　文件特殊权限管理					
专业群	群内所有专业	学时	2		

01 任务描述

Linux 服务器管理员按要求要完成以下功能：

（1）让普通用户禁止修改密码。

（2）在创建文件或目录时，保持与上一级文件具有相同的属组权限。

（3）管理员 root 用户创建一个 /share 目录，除了 root 用户外，任何用户不能删除、移动 /share 下创建的文件或目录。

02 导　学

温馨提示	关键知识点	关键技能
学习完成本任务后，知识和技能可以达到 95% 以上 重点系数：★★★★ 难度系数：★★★★★	suid sgid sticky 和文件扩展权限 ACL	扩展权限的应用及操作

03 学习目标

素质目标	◎具有解决问题的能力和持续学习的态度。
技能目标	◎能选择使用文件扩展权限的场景。 ◎熟练进行文件扩展权限操作。
知识目标	◎理解 suid sgid sticky 和文件扩展权限 ACL 的原理及语法。

04 相关知识

1. 文件特殊权限

3 个特殊权限 SUID、SGID、sticky bit 对应的值：

setuid（SUID）	setgid（SGID）	Sticky bit
u+s 或 u=4	g+s 或 g=2	o+t 或 o=1

模块名称	文件系统的权限管理	任务名称	文件特殊权限管理		
班级		姓名		日期	

（1）setuid（SUID）：只有可以执行的二进制程序才能设置 SUID 权限，命令执行者要对该程序拥有 x（执行）权限。程序运行时的权限从执行者变更成程序所有者的权限。命令示例如下：

```
#查看passwd命令安装文件/usr/bin/passwd的详细信息，所有者拥有s权限
ll /usr/bin/passwd
运行结果：
-rwsr-xr-x. 1 root root 27832 6月  10 2022  /usr/bin/passwd
```

（2）setgid（SGID）：既可以给二进制可执行程序设置 SGID 权限，也可以对目录设置 SGID 权限；在设置了 SGID 权限的目录下建立文件时，新创建文件的所属组用户会继承上级目录的所属用户组。命令示例如下：

```
#当前目录下新建目录test
mkdir test
#目录test的所属用户组赋予s权限，之后在目录test下所建文件，都会与test所属用户相同
chmod g+s test
ll -d test
运行结果：
drwxr-sr-x 2 root root 4096 Jan 24 20:14 test
```

（3）Sticky bit：目前只对目录有效；普通用户对该目录拥有 w 和 x 权限，即普通用户可以在此目录拥有写入权限；如果没有 Stick bit，因为普通用户拥有 w 权限，所有可以删除此目录下的所有文件，包括其用户建立的文件。一旦赋予了 Stick bit，除了 root 可以删除所有文件，普通用户就算拥有 w 权限也可以删除自己建立的文件，但是不能删除其他用户建立的文件。其主要作用是对于 777 权限的目录防止自己在该目录下创立的文件被其他用户删除。命令示例如下：

```
#新建目录/test
mkdir /test
#目录test的其他用户组赋予s权限，/test创建的文件只有root、文件创建者、目录所有者才能删除
chmod o+t /test
ll -d /test
运行结果：
drwxrwxrwt. 11 root root 4096 Jan 24 19:41 /tmp/
```

问题引导 1

普通用户对 /etc/shadow 文件并没有读写权限，为什么通过 passwd 命令可以修改密码？

模块名称	文件系统的权限管理	任务名称	文件特殊权限管理		
班级		姓名		日期	

2. 文件扩展权限 ACl

在 Linux 中，文件与目录设置不止基础权限 r、w、x，特殊权限 suid、sgid、sticky，还有文件扩展权限 ACL（一个针对文件 / 目录的访问控制列表）。它在 UGO 权限管理的基础上为文件系统提供一个额外的、更灵活的权限管理机制，设计为 UNIX 文件权限管理的一个补充。ACL 给任何用户或用户组设置任何文件或目录的访问权限。

（1）getfacl 命令：

①功能：查看文件访问控制列表 , 即 ACL 规则。

②语法： `getfacl 文件名`

（2）setfacl 命令：

①功能：设置文件访问控制列表 , 即 ACL 规则。例如，对于 test 文件，user01 既不属于所有者，也不属于所属用户组，想给 user01 单独的权限，可以用 setfacl 命令。

②语法： `setfacl  -m  u:用户名:权限   文件名`

或者 `setfacl  -m  d:u:用户名:权限   文件名`

（3）命令示例：

```
#新建目录/test
mkdir  /test
#查看文件/test访问控制列表
getfacl  /test
```

运行结果：

```
getfacl: Removing leading '/' from absolute path names
# file: test
# owner: root
# group: root
user::rw-
group::r--
other::r--
#设置用户user01对文件/test拥有的rwx权限，user01不属于/test的所有者和所属组
setfacl -m u:user01:rwx   /test
#设置后，再查看文件/test访问控制列表
getfacl  /test
```

运行结果：

```
getfacl: Removing leading '/' from absolute path names
…
user::rw-
user:user01:rwx
```

3. chattr 命令

（1）功能：用于更改文件属性。

模块名称	文件系统的权限管理	任务名称	文件特殊权限管理		
班级		姓名		日期	

（2）语法：`chattr [-RV][-v<版本编号>][+/-/=<属性>][文件或目录...]`

（3）参数：

a：只能追加内容。

i：不能被修改。

+a：只能追加内容。

+i：即 Immutable，系统不允许对这个文件进行任何修改。如果目录具有这个属性，那么任何进程只能修改目录之下的文件，不允许建立和删除文件。

-i：移除 i 参数。

-a：移除 a 参数。

（4）命令示例：

```
# 加锁,文件不能删除,不能更改,不能移动
chattr +i test.txt
# 解锁,表示解除
chattr -i test.txt
```

问题引导 2

要使一个文件令超级用户 root 也无法删除，应该怎么操作？

05 任务实施

按照任务描述，完成以下操作：

1. 禁止用户本身修改密码

（1）查看 /usr/bin/passwd 的权限，发现权限有“s”字符，如图 5-2-1 所示。

```
[root@localhost ~]# ll -d /usr/bin/passwd
-rwsr-xr-x. 1 root root 27856 Apr  1  2020 /usr/bin/passwd
```

图 5-2-1　查看 /usr/bin/passwd 的权限

（2）取消 /usr/bin/passwd 的 suid 权限，如图 5-2-2 所示。

（3）修改后，普通用户登录修改密码，提示令牌身份出错，也就是 passwd 对应的文件 /usr/bin/passwd 的 suid 权限删除，用户没有修改自己密码的权限了，如图 5-2-3 所示。

模块名称	文件系统的权限管理	任务名称	文件特殊权限管理		
班级		姓名		日期	

```
[root@localhost ~]# chmod u-s /usr/bin/passwd
[root@localhost ~]# ll -d /usr/bin/passwd
-rwxr-xr-x. 1 root root 27856 Apr  1  2020 /usr/bin/passwd
```

图 5-2-2　取消 /usr/bin/passwd 的 suid 权限

```
[user001@localhost ~]$ passwd
Changing password for user user001.
Changing password for user001.
(current) UNIX password:
New password:
Retype new password:
passwd: Authentication token manipulation error
```

图 5-2-3　用户失去修改密码权限

（4）恢复 /usr/bin/passwd 的 suid 权限，如图 5-2-4 所示。

```
[root@localhost ~]# chmod u+s /usr/bin/passwd
[root@localhost ~]# ll -d /usr/bin/passwd
-rwsr-xr-x. 1 root root 27856 Apr  1  2020 /usr/bin/passwd
```

图 5-2-4　恢复 /usr/bin/passwd 的 suid 权限

（5）普通用户修改密码成功，如图 5-2-5 所示。

```
[user001@localhost ~]$ passwd
Changing password for user user001.
Changing password for user001.
(current) UNIX password:
New password:
Retype new password:
passwd: all authentication tokens updated successfully.
```

图 5-2-5　用户修改密码成功

2. 设置用户在创建文件或目录时，保持与上一级文件相同的属组权限

（1）创建 /home/share 目录，如图 5-2-6 所示。

```
[root@localhost ~]# mkdir /home/share
```

图 5-2-6　创建 /home/share 目录

（2）将该目录的属组修改为 group2，group2 的组内成员对该目录有可读、可写、可执行权限，如图 5-2-7 所示。

```
[root@localhost home]# chown .group2 /home/share
[root@localhost home]# chmod g=rwx /home/share
```

图 5-2-7　修改 /home/share 权限

模块名称	文件系统的权限管理	任务名称	文件特殊权限管理		
班级		姓名		日期	

（3）其他非组内成员均无任何权限（root 除外），如图 5-2-8 所示。

```
[root@localhost home]# chmod o='' /home/share
```

```
[root@localhost home]# ll
total 4
drwxr-xr-x. 2 root     root    108 Apr  7 23:37 min
-rw-rw-r--. 1    1000 group1   94 Apr  8 06:05 operation.txt
drwxrwx---. 2 root     group2    6 Apr  8 14:28 share
drwx------. 5 user001    1002 107 Apr  8 14:21 user001
```

图 5-2-8　/home/share 其他用户权限设置为空

（4）为文件 /home/share 设置 sgid 权限，如图 5-2-9 所示。

```
[root@localhost home]# chmod g+s /home/share
[root@localhost home]# ll -d /home/share
drwxrws---. 3 root group2 28 Apr  8 14:36 /home/share
```

图 5-2-9　/home/share 设置 sgid 权限

（5）在 /home/share 下创建文件与目录，均继承 group2 组的权限，如图 5-2-10 所示。

```
[root@localhost share]# mkdir 1
[root@localhost share]# touch 1.txt
[root@localhost share]# ll
total 0
drwxr-sr-x. 2 root group2 6 Apr  8 14:46 1
-rw-r--r--. 1 root group2 0 Apr  8 14:46 1.txt
```

图 5-2-10　查看 /home/share 下目录及文件的权限

（6）恢复文件夹其他用户的权限，如图 5-2-11 所示。

```
[root@localhost share]# chmod o=rwx /home/share
[root@localhost share]# ll -d /home/share
drwxrwsrwx. 3 root group2 28 Apr  8 14:46 /home/share
```

图 5-2-11　/home/share 其他用户添加读写执行权限

（7）其他用户登录，在 /home/share 目录下创建文件与目录，均继承 group2 组的权限，如图 5-2-12 所示。

```
[user002@localhost share]$ mkdir 2
[user002@localhost share]$ touch 2.txt
[user002@localhost share]$ ll
total 0
drwxr-sr-x. 2 root    group2 6 Apr  8 14:46 1
-rw-r--r--. 1 root    group2 0 Apr  8 14:46 1.txt
drwxrwsr-x. 2 user002 group2 6 Apr  8 14:50 2
-rw-rw-r--. 1 user002 group2 0 Apr  8 14:50 2.txt
```

图 5-2-12　其他用户登录后查看 /home/share 新建目录及文件

模块名称	文件系统的权限管理	任务名称	文件特殊权限管理		
班级		姓名		日期	

3. 设置用户只能删除和移动自己创建的文件和目录

（1）创建一个 /share 目录，如图 5-2-13 所示。

```
[root@localhost /]# mkdir share
[root@localhost /]# ll -d share
drwxr-xr-x. 2 root root 6 Apr  8 15:04 share
```

图 5-2-13　创建 /share 目录及查看详细信息

（2）进入根目录，为 /share 文件设置 sbit 权限，如图 5-2-14 所示。

```
[root@localhost /]# chmod o=rwx share
[root@localhost /]# chmod o+t share
[root@localhost /]# ll -d share
drwxr-xrwt. 2 root root 6 Apr  8 15:04 share
```

图 5-2-14　/share 目录添加 sbit 权限

（3）root 账户在 /share 目录下创建一个文件，并设置其他用户可读、可写、可执行权限，如图 5-2-15 所示。

```
[root@localhost share]# touch 3.txt
[root@localhost share]# ll
total 0
-rw-r--r--. 1 root root 0 Apr  8 15:08 3.txt
[root@localhost share]# chmod o=rwx 3.txt
[root@localhost share]# ll
total 0
-rw-r--rwx. 1 root root 0 Apr  8 15:08 3.txt
```

图 5-2-15　/share 目录添加文件并有读写执行权限

（4）其他用户登录，在 /share 目录下删除 root 创建的文件，提示操作不允许，如图 5-2-16 所示。

```
[user002@localhost share]$ ll
total 0
-rw-r--rwx. 1 root root 0 Apr  8 15:08 3.txt
[user002@localhost share]$ rm 3.txt
rm: cannot remove '3.txt': Operation not permitted
```

图 5-2-16　/share 目录下文件删除失败

（5）取消 /share 的 sbit 权限，如图 5-2-17 所示。

```
[root@localhost share]# chmod o-t /share/
[root@localhost share]# ll -d /share/
drwxr-xrwx. 2 root root 19 Apr  8 15:08 /share/
```

图 5-2-17　/share 目录取消 sbit 权限

模块名称	文件系统的权限管理	任务名称	文件特殊权限管理		
班级		姓名		日期	

（6）其他用户再次删除 root 创建的文件，删除成功，如图 5-2-18 所示。

```
[user002@localhost share]$ ll
total 0
-rw-r--rwx. 1 root root 0 Apr  8 15:08 3.txt
[user002@localhost share]$ rm 3.txt
[user002@localhost share]$ 
```

图 5-2-18　/share 目录下文件删除成功

06 活页笔记

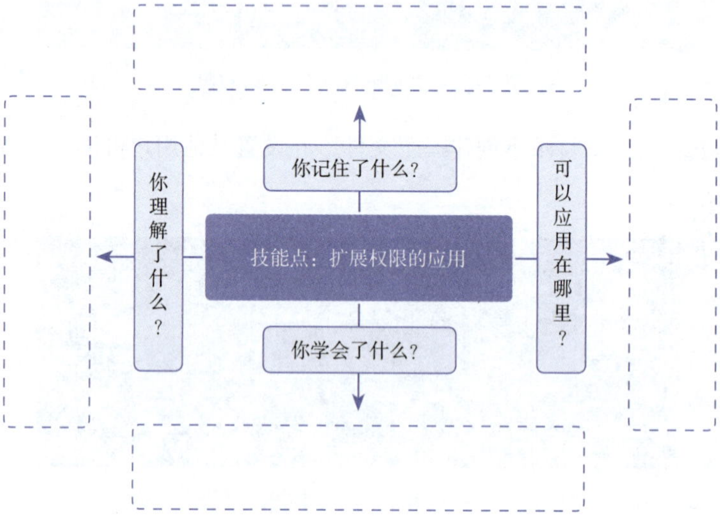

自我分析与总结：

模块名称	文件系统的权限管理	任务名称	文件特殊权限管理		
班级		姓名		日期	

07 评价反馈

评价细目	评价标准	分值	得分
suid sgid sticky 权限	熟练使用	45	
扩展 ACL	熟练使用	25	
chattr 命令	熟练使用	15	
学习态度	认真自主完成学习实践	15	

08 作业与训练

（1）切换到普通用户，怎么让 cat 命令可以操作 shadow 文件？

（2）root 用户下，在 /opt 下新建文件 t.txt，如何使普通用户 user1 具有 rwx 权限，而其他用户没有？

模块六　软件包的管理与安装

课程名称	Linux 操作系统应用	模块六　软件包的管理与安装			
班级		学时	6	日期	
任务一　使用 rpm 管理软件包					
专业群	群内所有专业	学时	2		

01 任务描述

非关系型的数据库在企业的应用中得到了大量应用，因此对该类数据库的运维工作已经成为运维工程师的必备技能。工程师小嘉准备在 CentOS 7 服务器上使用 rpm 命令安装 Redis（远程字典服务）。

02 导　学

温馨提示	关键知识点	关键技能
学习完成本任务后，知识和技能可以达到 95% 以上 重点系数：★★★★★ 难度系数：★★★★	rpm 软件包的原理	使用 rpm 命令进行软包管理

03 学习目标

素质目标	◎具有解决问题的能力和持续学习的态度。
技能目标	◎能够熟练使用 rpm 命令管理常见的安装包。
知识目标	◎理解 rpm 命令的原理及步骤。

04 相关知识

1. rpm 命令概述

rpm 文件格式名称虽然打上了 RedHat 的标志，但是其原始设计理念是开放式的，现在包括 OpenLinux、SUSE 以及 Turbo Linux 等 Linux 的分发版本都采用，可以算是公认的行业标准。

rpm 包管理器通过建立统一的文件数据库，对在 Linux 系统中安装、卸载、升级的各种 .rpm 软件包进行了详细的记录，并能够自动分析软件包之间的依赖关系，保持各个应用程序在一个协调的整体环境中运行。

rpm 机制封装的软件包文件拥有约定俗成的命名格式，一般使用“软件名 - 软件版本 - 发布次数 . 操作系统类型 . 硬件架构类型 .rpm”的文件名形式。

模块名称	软件包的管理与安装	任务名称	使用 rpm 管理软件包		
班级		姓名		日期	

rpm 包的获取方式：

（1）CentOS 系统镜像光盘（使用光盘需要先进行挂载，rpm 包在“挂载目录 /Packages/”下，参照模块七 磁盘管理与文件归档的任务一 磁盘分区和挂载）。

（2）网站 rpmfind.net。

（3）一些软件，可以去它的官网下载，如安装 MySQL 等。

2. rpm 命令的语法

（1）rpm 命令可以进行以下功能操作：

①查询、验证 rpm 软件包的相关信息。

②安装、升级、卸载 rpm 软件包。

③维护 RPM 数据库信息等综合管理操作。

（2）语法：`rpm[OPTION][包名]`

（3）参数 [OPTION]：

-q：当需要查询某个软件包是否已经安装时，可以直接使用软件包名称作为查询参数。

-qa：显示当前系统中以 rpm 方式安装的所有软件列表。

-qi：查看指定软件包的名称、版本、许可协议、用途描述等详细信息。

-ql：显示指定的软件包在当前系统中安装的所有目录、文件列表。

-qf：查看指定的文件或目录是由哪个软件包所安装的。

-p：针对没有安装的 rpm 包。

-i：在当前系统中安装一个新的 rpm 软件包。

-e：卸载指定名称的软件包。

-U：检查并升级系统中的某个软件包，若该软件包原来并未安装，则等同于“-i”选项。

-F：检查并更新系统中的某个软件包，若该软件包原来并未安装，则放弃安装。

-h：在安装或升级软件包的过程中，以“#”号显示安装进度。

-v：显示软件安装过程中的详细信息。

“- -force”：强制安装某个软件包，当需要替换已安装的软件包及文件，或者安装一个比当前使用的软件版本更旧的软件时，可以使用此选项。

“- -nodeps”：在安装或升级、卸载一个软件包时，不检查与其他软件包的依赖关系。

（4）命令示例：

```
#安装本地软件包zsh，路径要正确
rpm -ivh /mnt/Packages/zsh-5.0.2-28.el7.x86_64.rpm
#卸载zsh
rpm -e zsh
#查看httpd软件包信息
rpm -q httpd
```

模块名称	软件包的管理与安装	任务名称	使用 rpm 管理软件包		
班级		姓名		日期	

```
#查询所有已安装包
rpm -qa
#查看httpd软件包的名称、版本、许可协议、用途描述等详细信息，针对没有安装的RPM包需要加上-p。
rpm -qi httpd
rpm -qpi httpd
#查看httpd软件包准备要安装的所有目标目录、文件列表。
rpm -qpl httpd
#修改软件包zsh对应的安装文件
echo aaa >> /usr/bin/zsh
#在安装包被修改的情况下，进行校验，参数-Vf后面跟包zsh所在文件，参数-V后面跟zsh包名
rpm -Vf /usr/bin/zsh
rpm -V zsh
```

运行结果：

```
S.5....T.    /usr/bin/zsh
```

结果说明：如果出现的全是点，表示测试通过，出现字符表示不通过，以下字符说明被篡改的情况。

5：MD5 校验和改变，即文件内容改变。

S：文件长度及大小改变。

L：文件路径改变。

T：文件修改日期是否改变。

U：文件的所属用户改变。

G：文件的所属用户组改变。

?：不可读文件。

05 任务实施

按照任务描述要求，下载并安装 redis 的安装包，安装 redis 需要先装 jemalloc 包，所以依赖 jemalloc 包下载并先安装。

（1）获取 rpm 安装包。此部分命令 wget 后期会用到，后面接需要下载资源的地址。参照指令直接操作，将网络下载的 rpm 包放在当前目录，如图 6-1-1 所示。如果读者有自己熟悉的版本并有网络地址，可以换掉以下网络地址。

```
[root@localhost opt]# wget http://cocobabi.vip/xxx/jemalloc-3.6.0-1.el7.x86_64.r
pm
```

（a）

```
[root@localhost opt]# wget http://cocobabi.vip/xxx/redis-3.2.12-2.el7.x86_64.rpm
```

（b）

图 6-1-1 下载 rpm 安装包

模块名称	软件包的管理与安装	任务名称	使用 rpm 管理软件包		
班级		姓名		日期	

（2）安装下载的两个包如图 6-1-2 和图 6-1-3 所示。

```
[root@localhost opt]# ls
jemalloc-3.6.0-1.el7.x86_64.rpm  redis-3.2.12-2.el7.x86_64.rpm
[root@localhost opt]# rpm -ivh jemalloc-3.6.0-1.el7.x86_64.rpm
warning: jemalloc-3.6.0-1.el7.x86_64.rpm: Header V3 RSA/SHA256 Signature, key ID
 352c64e5: NOKEY
Preparing...                          ################################# [100%]
Updating / installing...
   1:jemalloc-3.6.0-1.el7             ################################# [100%]
[root@localhost opt]#
```

图 6-1-2　安装 jemolloc 包

```
[root@localhost opt]# rpm -ivh redis-3.2.12-2.el7.x86_64.rpm
warning: redis-3.2.12-2.el7.x86_64.rpm: Header V3 RSA/SHA256 Signature, key ID 3
52c64e5: NOKEY
Preparing...                          ################################# [100%]
Updating / installing...
   1:redis-3.2.12-2.el7               ################################# [100%]
[root@localhost opt]#
```

图 6-1-3　安装 redis 包

（3）启动 redis 服务，命令如图 6-1-4 所示。

```
[root@localhost opt]# service redis start
Redirecting to /bin/systemctl start redis.service
[root@localhost opt]# /usr/bin/redis-cli
127.0.0.1:6379> ping
PONG
127.0.0.1:6379>
```

图 6-1-4　启动 redis 服务

问题引导

使用 rpm 命令时，什么情况下使用软件包全名，什么时候使用软件包名？

模块名称	软件包的管理与安装	任务名称	使用 rpm 管理软件包		
班级		姓名		日期	

06 活页笔记

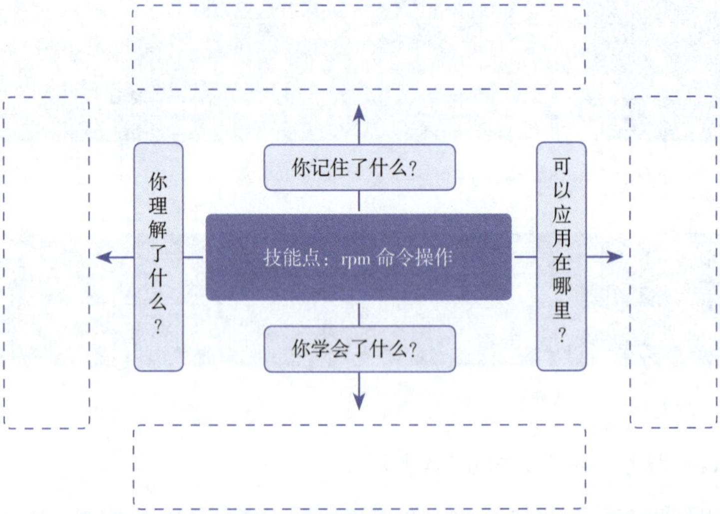

自我分析与总结:

模块名称	软件包的管理与安装	任务名称	使用 rpm 管理软件包		
班级		姓名		日期	
评价反馈					

07 评价反馈

评价细目	评价标准	分值	得分
rpm 命令的使用	使用 rpm 命令熟练进行安装、查询、校验及卸载等	80	
学习态度	认真自主完成学习实践	20	

08 作业与训练

（1）安装光盘镜像中的 zsh 包。

（2）查询 zsh 的包是否安装。

（3）查询所有已安装包。

（4）查询 find 命令属于哪个安装包。

（5）查询 find 安装包的详细信息。

（6）查询未安装包 php-mysql 的详细信息。

（7）校验所有软件包，有没有被修改？内容保存在 rpm_check.txt 中。

（8）卸载 zsh 包。

课程名称	Linux 操作系统应用	模块六　软件包的管理与安装			
班级		学时	6	日期	
任务二　安装 yum 管理软件包					
专业群	群内所有专业	学时	2		

01 任务描述

小明登录 Linux 服务器，输入 ifconfig 查看 IP 信息，但是提示 command not found，应该怎么处理？

02 导　学

温馨提示	关键知识点	关键技能
学习完成本任务后，知识和技能可以达到 95% 以上 重点系数：★★★★★ 难度系数：★★★★	yum 管理软件包的原理	yum 仓库的配置、yun 命令的使用

03 学习目标

素质目标	◎具有解决问题的能力和持续学习的态度。
技能目标	◎能够熟练配置 yum 仓库。 ◎能够熟练使用 yum 命令管理软件。
知识目标	◎理解 yum 仓库的原理。 ◎理解 yum 命令的原理。

04 相关知识

1. yum 命令概述

执行 rpm 命令进行安装时，不能自动解决有依赖关系的安装包的问题，如安装软件包 A 时，需要先安装软件 B，如果使用 rpm 直接安装软包 A，会提示需要先安装依赖包 B。如果想解决这个问题，自动安装依赖包 B 及其他的依赖包，可以使用 yum 命令，yum 可以搜索软件包及它们的依赖包。

yum 是一个在 Fedora 和 RedHat 以及 CentOS 中的 Shell 前端软件包管理器。基于 rpm 包管理，能够从指定的服务器自动下载 rpm 包并且安装，可以自动处理依赖性关系，并且一次安装所有依赖的软件包，无须烦琐地一次次下载、安装。

使用 yum 命令，可进行安装软件、删除软件、升级软件、查询信息、搜索软件、显示软

模块名称	软件包的管理与安装	任务名称	安装 yum 管理软件包		
班级		姓名		日期	

件包依赖关系等操作。使用 yum 安装软件时，至少需要一个 yum 源。yum 源就是存放很多 rpm 软件的目录，用户可以使用 yum 源配置中的 http、ftp 或者本地目录的方式访问 yum 源。

2. yum 源的设置

在 CentOS 7 系统中，默认的 yum 源定义文件存放在 /etc/yum.repos.d/ 目录下，文件的扩展名必须是 repo。下面介绍 3 个示例，包括系统默认 yum 源、配置本地 yum 源及配置网络 yum 源。

1）系统默认 yum 源

通过 vim /etc/yum.repos.d/CentOS-Base.repo 命令，打开系统默认 yum 源文件，以下示例截取了其中一个完整的 yum 源，读者可通过作者添加的注释，理解每个字段的意义。

```
#yum源名称，在本服务器上唯一的，用来区分不同的yum源
[base]
#对yum源描述信息
name=CentOS-$releasever - Base
#yum源的路径，提供方式包括FTP(ftp://...)、HTTP(http://...)、本地(file:///...光盘挂载目录所在的位置)。mirrorlist就是一个镜像列表，数量众多的yum源地址择优选择，不好用就放弃。而baseurl则是一个基础URL地址，mirrorlist和baseurl选择一个使用即可，这里将baseurl注释了，即在使用mirrorlist的镜像目录
mirrorlist=http://mirrorlist.centos.org/?release=$releasever&arch=$basearch&repo=os&infra=$infra
#baseurl=http://mirror.centos.org/centos/$releasever/os/$basearch/
#为1，使用公钥检验rpm包的正确性；0为不校验
gpgcheck=1
#指定进行rpm校验的公钥文件地址
gpgkey=file:///etc/pki/rpm-gpg/RPM-GPG-KEY-CentOS-7
```

2）本地源配置示例

此例确保虚拟机光驱，CentOS 7 的安装光盘路径正确后，先对光盘进行挂载（后续模块内容，可以直接先按照以下命令示例操作）。

```
# 将CentOS 7的安装光盘挂载到文件/mnt
mount /dev/cdrom
#查看文件/mnt的内容，确保挂载成功
ls /mnt/
```

通过 vim /etc/yum.repos.d/centos7.repo，新建 yum 源文件，必须以 .repo 结尾，插入以下内容。

```
[centos7]
name= CentOS7
#yum源的路径，提供方式包括FTP(ftp://...)、HTTP(http://...)、本地(file:///...光盘挂载目录所在的位置)
baseurl=file:///mnt
#为1，表示启用yum源；0为禁用
enabled=1
```

模块名称	软件包的管理与安装	任务名称	安装 yum 管理软件包		
班级		姓名		日期	

```
gpgcheck=0
#指定进行rpm校验的公钥文件地址
gpgkey=file:///etc/pki/rpm-gpg/RPM-GPG-KEY-CentOS-7
```

3）配置网络 yum 源示例

```
#配置epel中科大源,vim /etc/yum.repos.d/epel.repo，基于CentOS 7系统，具体内容如下:
[epel]
name=Extra Packages for Enterprise Linux 7 - $basearch
baseurl=https://mirrors.ustc.edu.cn/epel/7/$basearch
#metalink=https://mirrors.fedoraproject.org/metalink?repo=epel-7&arch=$basearch
failovermethod=priority
enabled=1
gpgcheck=0
gpgkey=file:///etc/pki/rpm-gpg/RPM-GPG-KEY-EPEL-7
```

4）下载网络仓库文件命令示例

```
#wget下载文件，-O 将wget下载的文件，保存到指定的位置，保存时可以重新起一个名字，或者直接写一个要保存的路径
wget -O /etc/yum.repos.d/CentOS-Base.repo http://mirrors.aliyun.com/repo/Centos-7.repo
```

问题引导

yum 命令安装的优点是什么？

3. yum 命令的使用

（1）语法：`yum [options] COMMAND`

（2）以下命令示例中的注释说明常用命令的功能：

```
#清除原有yum缓存
yum clean all
#列出仓库信息
yum repolist
#安装软件
yum install 软件名称
#更新
yum update
#查看软件
yum list 软件名称
```

模块名称	软件包的管理与安装	任务名称	安装 yum 管理软件包		
班级		姓名		日期	

```
#查看所有软件
yum list all
#列出已安装软件
yum list installed
#列出可安装软件
yum list available
#重新安装
yum reinstall 软件名称
#卸载软件
yum remove 软件名称
#查看软件信息
yum info 软件名称
#列出软件组
yum groups list
#安装软件组Development Tools
yum groupinstall “Development Tools”
#卸载软件组Development Tools
yum groupremove “Development Tools”
```

yum 安装时报错，可以从以下几方面检查：

（1）通过 ls 查看挂载路径有无光盘文件，确保光盘是否挂载。

（2）如果 yum 源是网络源，则需要连接网络，检查本机网络及 yum 源站点。

（3）检查配置文件中格式是否严格对照命令示例中的格式，挂载点和配置文件中设置得是否一致。

05 任务实施

（1）检查 yum 源，如果没有就配置一个，进入路径 /etc/yum.repos.d/，新建 .repo 文件，配置编写如图 6-2-1 所示。

```
[epel]
name=Extra Packages for Enterprise Linux 7 - $basearch
baseurl=https://mirrors.ustc.edu.cn/epel/7/$basearch
enabled=1
gpgcheck=0
gpgkey=file:///etc/pki/rpm-gpg/RPM-GPG-KEY-EPEL-7
~
```

图 6-2-1　编写 yum 源文件

（2）使用 yum 安装网络工具，命令及运行结果如图 6-2-2 所示。

（3）输入 ifconfig，查询 IP 信息，如图 6-2-3 所示。

模块名称	软件包的管理与安装	任务名称	安装 yum 管理软件包		
班级		姓名		日期	

```
[root@localhost ~]# ifconfig
-bash: ifconfig: command not found
[root@localhost ~]# yum -y install net-tools
Loaded plugins: fastestmirror
Determining fastest mirrors
 * base: mirrors.cn99.com
 * extras: ftp.sjtu.edu.cn
 * updates: mirrors.nju.edu.cn
base                                                              | 3.6 kB  00:00:00
extras                                                            | 2.9 kB  00:00:00
updates                                                           | 2.9 kB  00:00:00
(1/4): base/7/x86_64/group_gz                                     | 153 kB  00:00:00
(2/4): extras/7/x86_64/primary_db                                 | 246 kB  00:00:01
(3/4): base/7/x86_64/primary_db       51% [============-        ] 241 kB/s |  11 MB  00:00:42 ETA
```

```
Dependencies Resolved

================================================================================================
 Package              Arch              Version                        Repository         Size
================================================================================================
Installing:
 net-tools            x86_64            2.0-0.25.20131004git.el7        base               306 k

Transaction Summary
================================================================================================
Install  1 Package

Total download size: 306 k
Installed size: 917 k
Downloading packages:
warning: /var/cache/yum/x86_64/7/base/packages/net-tools-2.0-0.25.20131004git.el7.x86_64.rpm: Header
 V3 RSA/SHA256 Signature, key ID f4a80eb5: NOKEY
Public key for net-tools-2.0-0.25.20131004git.el7.x86_64.rpm is not installed
net-tools-2.0-0.25.20131004git.el7.x86_64.rpm                            | 306 kB  00:00:00
Retrieving key from file:///etc/pki/rpm-gpg/RPM-GPG-KEY-CentOS-7
Importing GPG key 0xF4A80EB5:
 Userid     : "CentOS-7 Key (CentOS 7 Official Signing Key) <security@centos.org>"
 Fingerprint: 6341 ab27 53d7 8a78 a7c2 7bb1 24c6 a8a7 f4a8 0eb5
 Package    : centos-release-7-9.2009.0.el7.centos.x86_64 (@anaconda)
 From       : /etc/pki/rpm-gpg/RPM-GPG-KEY-CentOS-7
Running transaction check
Running transaction test
Transaction test succeeded
Running transaction
  Installing : net-tools-2.0-0.25.20131004git.el7.x86_64                                  1/1
  Verifying  : net-tools-2.0-0.25.20131004git.el7.x86_64                                  1/1

Installed:
  net-tools.x86_64 0:2.0-0.25.20131004git.el7

Complete!
[root@localhost ~]#
```

图 6-2-2　使用 yum 安装网络工具

```
[root@localhost ~]# ifconfig
ens33: flags=4163<UP,BROADCAST,RUNNING,MULTICAST>  mtu 1500
        inet 192.168.142.128  netmask 255.255.255.0  broadcast 192.168.142.255
        inet6 fe80::1a0b:467f:121c:2434  prefixlen 64  scopeid 0x20<link>
        ether 00:0c:29:03:27:a5  txqueuelen 1000  (Ethernet)
        RX packets 15943  bytes 22800188 (21.7 MiB)
        RX errors 0  dropped 0  overruns 0  frame 0
        TX packets 6718  bytes 407217 (397.6 KiB)
        TX errors 0  dropped 0 overruns 0  carrier 0  collisions 0

lo: flags=73<UP,LOOPBACK,RUNNING>  mtu 65536
        inet 127.0.0.1  netmask 255.0.0.0
        inet6 ::1  prefixlen 128  scopeid 0x10<host>
        loop  txqueuelen 1000  (Local Loopback)
        RX packets 0  bytes 0 (0.0 B)
        RX errors 0  dropped 0  overruns 0  frame 0
        TX packets 0  bytes 0 (0.0 B)
        TX errors 0  dropped 0 overruns 0  carrier 0  collisions 0
```

图 6-2-3　输入 ifconfig 查询 IP 信息

任务描述中，输入 ifconfig 查看 IP 信息，发现 ifconfig 命令不能识别，通过以上操作，安装对应的网络工具后，就可以成功使用 ifconfig 命令查询 IP 信息。

模块名称	软件包的管理与安装	任务名称	安装 yum 管理软件包		
班级		姓名		日期	

06 活页笔记

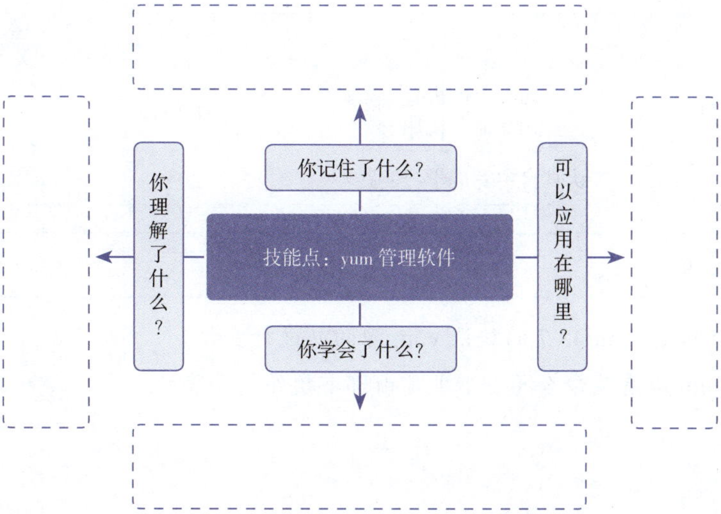

自我分析与总结：

模块名称	软件包的管理与安装	任务名称	安装 yum 管理软件包		
班级		姓名		日期	

07 评价反馈

评价细目	评价标准	分值	得分
yum 管理软件	yum 仓库配置 yum 命令使用	80	
学习态度	认真自主完成学习实践	20	

08 作业与训练

（1）找一个源是 CentOS 7 的默认 yum 源的包进行安装。

（2）使用 yum 查看某命令（如 ls）是由哪个软件包安装的。

课程名称	Linux 操作系统应用	模块六　软件包的管理与安装			
班级		学时	6	日期	
任务三　tar 源码包管理与安装					
专业群	群内所有专业	学时	2		

01 任务描述

企业实际应用中众多软件需要采用编译安装的方式来实现，现在系统运维人员需要使用编译方式安装 PCRE（用于处理正则表达式）和 Nginx（一个高性能的 HTTP 和反向代理服务器）。

02 导　学

温馨提示	关键知识点	关键技能
学习完成本任务后，知识和技能可以达到 95% 以上 重点系数：★★★★★ 难度系数：★★★★	tar 包源码编译安装	tar 包源码编译安装命令的使用

03 学习目标

素质目标	◎具有解决问题的能力和持续学习的态度。
技能目标	◎能够熟练进行源码安装。
知识目标	◎理解 tar 源码安装编译的原理。 ◎理解编译安装的步骤。

04 相关知识

源码的编译安装一般由 3 个步骤组成：配置（configure）、编译（make）、安装（make install）。

1. 典型安装步骤

1）配置

编译器在开始工作前需要确认当前的系统环境，如标准库的目录位置、软件的安装路径，以及需要何种软件环境的支持。确认编译参数的步骤就是配置，简单来讲，这个过程就是确认软件编译所需的环境。在检测过程中如果有缺失项目，则直接退出，直至完全满足所需条件。./configure 是可执行的脚本文件，用来检测安装平台的目标特征，并生成 makefile 文件。常用参数“--prefix=”自定义安装路径。

模块名称	软件包的管理与安装	任务名称	tar 源码包管理与安装		
班级		姓名		日期	

2）编译

预处理之后，编译器会先把源码转换为汇编码，然后再把汇编码转为机器码。在该过程中 gcc 执行编译的过程依赖于配置文件 makefile。

3）安装

该过程就是把可执行文件和相关联的数据文件复制至特定目录，但在这个过程中程序会自动完成目录的创建、配置文件的保存、权限的设置等相关内容。

2. nginx 编译安装及测试命令示例

已经下载了安装文件 nginx-1.20.2.tar.gz 在当前目录下：

```
#编译环境准备
 yum  install gcc gcc-c++ make zlib-devel pcre pcre-devel openssl-devel -y
#解压tar包
tar zxvf nginx-1.20.2.tar.gz
#进入解压目录
cd nginx-1.20.2
#配置指定安装目录
./configure --prefix=/usr/local/nginx1.20.2
#编译
make
#安装
make install
#启动nginx服务
/usr/local/nginx1.20.2/sbin/nginx
#验证nginx服务
netstat -tlnp | grep 80
```

问题引导

tar 源码包与 rpm 二进制包有何不同？

模块名称	软件包的管理与安装	任务名称	tar 源码包管理与安装		
班级		姓名		日期	

05 任务实施

1. 安装编译工具及库文件

执行 yum -y install make zlib zlib-devel gcc-c++ libtool openssl openssl-devel 命令，安装编译工具及库文件，如果已经安装可以忽略，如图 6-3-1 所示。

```
[root@localhost ~]# yum -y install make zlib zlib-devel gcc-c++ libtool  openssl
 openssl-devel
```

图 6-3-1　安装编译工具及库文件

2. 安装 PCRE

（1）下载 PCRE 安装包，如图 6-3-2 所示。

```
[root@localhost src]# cd /usr/local/src/
[root@localhost src]# wget http://downloads.sourceforge.net/project/pcre/pcre/8.
35/pcre-8.35.tar.gz
```

图 6-3-2　下载 PCRE 安装包

（2）解压安装包（tar 命令的详细使用会在模块七中的任务二讲解），如图 6-3-3 所示。

```
[root@localhost src]# ls
pcre-8.35.tar.gz
[root@localhost src]# tar zxvf pcre-8.35.tar.gz
pcre-8.35/
pcre-8.35/pcre_scanner.h
pcre-8.35/LICENCE
pcre-8.35/makevp_c.txt
pcre-8.35/PrepareRelease
pcre-8.35/RunTest.bat
pcre-8.35/pcre16_study.c
pcre-8.35/pcre16_chartables.c
pcre-8.35/pcre_jit_test.c
pcre-8.35/pcregexp.pas
pcre-8.35/pcre32_chartables.c
pcre-8.35/pcre_get.c
pcre-8.35/132html
pcre-8.35/pcre16_compile.c
```

图 6-3-3　解压 PCRE 安装包

（3）进入安装包目录，运行结果如图 6-3-4 所示。

```
[root@localhost src]# ls
pcre-8.35  pcre-8.35.tar.gz
[root@localhost src]# cd pcre-8.35
[root@localhost pcre-8.35]# ls
132html              pcre16_fullinfo.c      pcrecpp_internal.h
aclocal.m4           pcre16_get.c           pcrecpp_unittest.cc
ar-lib               pcre16_globals.c       pcredemo.c
AUTHORS              pcre16_jit_compile.c   pcre_dfa_exec.c
ChangeLog            pcre16_maketables.c    pcre_exec.c
CheckMan             pcre16_newline.c       pcre_fullinfo.c
CleanTxt             pcre16_ord2utf16.c     pcre_get.c
cmake                pcre16_printint.c      pcregexp.pas
CMakeLists.txt       pcre16_refcount.c      pcre_globals.c
compile              pcre16_string_utils.c  pcregrep.c
config-cmake.h.in    pcre16_study.c         pcre.h.generic
config.guess         pcre16_tables.c        pcre.h.in
config.h.generic     pcre16_ucd.c           pcre_internal.h
config.h.in          pcre16_utf16_utils.c   pcre_jit_compile.c
config.sub           pcre16_valid_utf16.c   pcre_jit_test.c
configure            pcre16_version.c       pcre_maketables.c
configure.ac         pcre16_xclass.c        pcre_newline.c
COPYING              pcre32_byte_order.c    pcre_ord2utf8.c
depcomp              pcre32_chartables.c    pcreposix.c
Detrail              pcre32_compile.c       pcreposix.h
```

图 6-3-4　解压后的 PCRE 包安装目录

模块名称	软件包的管理与安装	任务名称	tar 源码包管理与安装		
班级		姓名		日期	

（4）编译安装，分别使用 configure 命令（见图 6-3-5）、make 命令，如图 6-3-6 所示。

```
[root@localhost pcre-8.35]# ./configure
checking for a BSD-compatible install... /usr/bin/install -c
checking whether build environment is sane... yes
checking for a thread-safe mkdir -p... /usr/bin/mkdir -p
checking for gawk... gawk
checking whether make sets $(MAKE)... yes
checking whether make supports nested variables... yes
checking whether make supports nested variables... (cached) yes
checking for style of include used by make... GNU
checking for gcc... gcc
checking whether the C compiler works... yes
checking for C compiler default output file name... a.out
checking for suffix of executables...
checking whether we are cross compiling... no
checking for suffix of object files... o
checking whether we are using the GNU C compiler... yes
checking whether gcc accepts -g... yes
checking for gcc option to accept ISO C89... none needed
checking whether gcc understands -c and -o together... yes
checking dependency style of gcc... gcc3
checking for ar... ar
checking the archiver (ar) interface... ar
checking for gcc... (cached) gcc
checking whether we are using the GNU C compiler... (cached) yes
```

图 6-3-5　使用 configure 命令编译安装

```
[root@localhost pcre-8.35]# make && make install
rm -f pcre_chartables.c
ln -s ./pcre_chartables.c.dist pcre_chartables.c
make  all-am
make[1]: Entering directory `/usr/local/src/pcre-8.35'
  CC       libpcre_la-pcre_byte_order.lo
  CC       libpcre_la-pcre_compile.lo
  CC       libpcre_la-pcre_config.lo
  CC       libpcre_la-pcre_dfa_exec.lo
  CC       libpcre_la-pcre_exec.lo
```

图 6-3-6　使用 make 命令编译安装

（5）查看 pcre 版本，如果可以看到版本号表示安装成功，如图 6-3-7 所示。

```
[root@localhost pcre-8.35]# pcre-config --version
8.35
[root@localhost pcre-8.35]#
```

图 6-3-7　查看 pcre 版本

3. 安装 Nginx

（1）下载 Nginx，如图 6-3-8 所示。

```
[root@localhost src]# wget http://nginx.org/download/nginx-1.6.2.tar.gz
--2022-04-07 04:48:06--  http://nginx.org/download/nginx-1.6.2.tar.gz
Resolving nginx.org (nginx.org)... 3.125.197.172, 52.58.199.22, 2a05:d014:edb:57
02::6, ...
```

图 6-3-8　下载 Nginx

（2）解压 Nginx 安装包，如图 6-3-9 所示。

（3）进入安装包目录，如图 6-3-10 所示。

模块名称	软件包的管理与安装	任务名称	tar 源码包管理与安装		
班级		姓名		日期	

```
[root@localhost src]# tar zxvf nginx-1.6.2.tar.gz
nginx-1.6.2/
nginx-1.6.2/auto/
nginx-1.6.2/conf/
nginx-1.6.2/contrib/
nginx-1.6.2/src/
nginx-1.6.2/configure
nginx-1.6.2/LICENSE
nginx-1.6.2/README
nginx-1.6.2/html/
nginx-1.6.2/man/
nginx-1.6.2/CHANGES.ru
nginx-1.6.2/CHANGES
nginx-1.6.2/man/nginx.8
nginx-1.6.2/html/50x.html
nginx-1.6.2/html/index.html
```

图 6-3-9　解压 Nginx 安装包

```
[root@localhost src]# ls
nginx-1.6.2  nginx-1.6.2.tar.gz  pcre-8.35  pcre-8.35.tar.gz
[root@localhost src]# cd nginx-1.6.2
[root@localhost nginx-1.6.2]#
```

图 6-3-10　进入 Nginx 安装目录

（4）编译安装，使用 configure 命令进行配置（见图 6-3-11），再使用 make 命令编译及安装，如图 6-3-12 所示。

```
[root@localhost nginx-1.6.2]# ls
auto     CHANGES.ru  configure  html     Makefile  objs    src
CHANGES  conf        contrib    LICENSE  man       README
[root@localhost nginx-1.6.2]# ./configure --prefix=/usr/local/webserver/nginx --
with-http_stub_status_module --with-http_ssl_module --with-pcre=/usr/local/src/p
cre-8.35
```

图 6-3-11　使用 configure 命令配置

```
[root@localhost nginx-1.6.2]# make && make install
make -f objs/Makefile
make[1]: Entering directory `/usr/local/src/nginx-1.6.2'
make[1]: `objs/nginx' is up to date.
make[1]: Leaving directory `/usr/local/src/nginx-1.6.2'
make -f objs/Makefile manpage
```

图 6-3-12　使用 make 命令编译及安装

（5）查看 Nginx 版本，如果可以看到版本号，则表示安装成功，如图 6-3-13 所示。

```
[root@localhost nginx-1.6.2]# /usr/local/webserver/nginx/sbin/nginx -v
nginx version: nginx/1.6.2
[root@localhost nginx-1.6.2]#
```

图 6-3-13　查看 Nginx 版本

任务描述中，需要使用源码方式安装 PCRE 包及 Nginx 包，这两个包安装后的使用不属于本任务的范围。

模块名称	软件包的管理与安装	任务名称	tar 源码包管理与安装		
班级		姓名		日期	

06 活页笔记

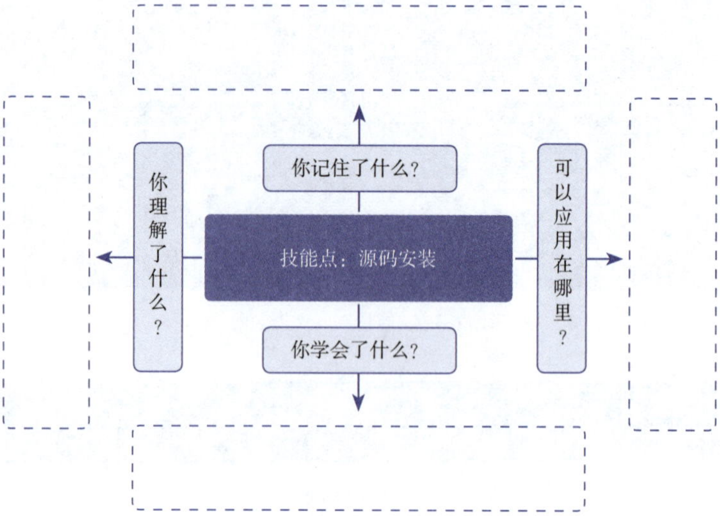

自我分析与总结：

模块名称	软件包的管理与安装	任务名称	tar 源码包管理与安装		
班级		姓名		日期	

07 评价反馈

评价细目	评价标准	分值	得分
tar 源码包管理与安装	熟练掌握编译安装	80	
学习态度	认真自主完成学习实践	20	

08 作业与训练

（1）源码安装 extundelete。

（2）源码方式部署 Apache http 服务。

模块七　磁盘管理与文件归档

课程名称	Linux 操作系统应用	模块七　磁盘管理与文件归档			
班级		学时	10	日期	
任务一　磁盘分区和挂载					
专业群	群内所有专业	学时	4		

01 任务描述

××公司要给服务器扩容，新增了一个磁盘，现服务器管理员小嘉要将新磁盘分区并挂载给服务器使用，需要进行一些相关操作。

02 导　学

温馨提示	关键知识点	关键技能
学习完成本任务后，知识和技能可以达到 95% 以上 重点系数：★★★★★ 难度系数：★★★★	磁盘的分区、格式化、挂载	能将一个新磁盘通过分区、格式化、 挂载后进行使用

03 学习目标

素质目标	◎具有解决问题的能力和持续学习的态度。
技能目标	◎熟练进行磁盘分区、格式化、挂载等操作。
知识目标	◎了解磁盘格式和接口。 ◎理解磁盘工作原理。

04 相关知识

1. 磁盘简介

物理磁盘是一个外围设备，由许多盘面组成，每个盘面上有许多磁道，依靠磁针在磁道上的旋转来实现信息的存储且每一个盘面上的磁针旋转是同步的。每一个磁盘最多可以被划分为 4 个主分区，也可以被划分为扩展分区，扩展分区中又可以被分为多个分区。根据磁盘的物理结构，每一个分区的划分是以柱面为单位的，多个连续的柱面组成分区。由于整个磁盘上磁针的角速度是一定的，所以其最外部的读 / 写速率最高。

磁盘的接口主要分为 IDE、SATA、SCSI、SAS 等。其主要特点如下：

（1）IDE 接口：价格低廉，兼容性强，性价比高，数据传输慢，不支持热插拔。

（2）SATA 接口：结构简单、支持热插拔。

模块名称	磁盘管理与文件归档	任务名称	磁盘分区和挂载		
班级		姓名		日期	

（3）SCSI 接口：传输速率高、读 / 写性能好、可连接多个设备、可支持热插拔。

（4）SAS 接口：AS 技术是结合了SATA 与 SCSI 两者的优点而诞生的，同时串行 SCSI（SAS）是点到点的结构，因此除了提高性能之外，每个设备连接到指定的数据通路上提高了带宽，从而为数据传输与存取提供了必要保障。

新的物理磁盘接入服务器之后，要经过分区、格式化及挂载后，才能进行使用。

2. 磁盘分区工具 fdisk

MBR（master boot record，主引导扇区或主引导记录）是指硬盘的 0 柱面、0 磁头、1 扇区，占有 512 字节并由三部分组成：主引导程序（boot loader）、硬盘分区表（disk partition table，DPT）和分区有效标志（magic number）。其中，主引导程序占 446 字节，硬盘分区表占 64 字节，硬盘中分区有多少以及每一分区的大小都记在其中。分区有效标志占 2 字节，固定为 55AA。

gdisk 使用 GPT（GUID partition table，全局唯一标识磁盘分区表）类型创建的分区，它没有限制主分区个数。这里介绍 fdisk 工具使用 MBR 创建分区：

主分区主要用来启动操作系统，主要放的是操作系统的启动或引导程序，/boot 分区最好放在主分区上，分区编号为 1~4。

逻辑分区必须建立在扩展分区之上，分区编号是 5 或更大的分区号，大量数据都放在逻辑分区中。

添加 SCSI 硬盘在 Linux 系统中的命名方式为 /dev/sd[a-z]n。a~z 表示设备的序号，n 表示每块磁盘上划分的磁盘分区编号。若存在多块硬盘，内核分配盘符的顺序是 /dev/sda、/dev/sdb、/dev/sdc 等，在系统启动过程中，内核会按照扫描到硬盘的顺序分配盘符，如 sda 表示第一块 SCSI 硬盘，sdb 就是第二块。查看系统第一块硬盘信息如图 7-1-1 所示。

```
[root@lovelyway /]# ls /dev/sda*
/dev/sda  /dev/sda1  /dev/sda2
```

图 7-1-1　查看本机硬盘信息

系统第一块硬盘有两个分区分别，是 sda1 和 sda2。

（1）fdisk 命令语法：

```
fdisk [选项] <disk>  改变分区表
fdisk [选项] -l <disk>  列出所有分区表
fdisk -s <partition（分区编号）>  以分区块为单位，给出指定分区的大小
```

选项说明下：

-b <size>：指定扇区大小（512 B、1 024 B、2 048 B 或 4 096 B）。

-c：关闭 DOS 兼容模式。

模块名称	磁盘管理与文件归档	任务名称	磁盘分区和挂载		
班级		姓名		日期	

-u <size>：以扇区编号取代柱面编号来表示每个分区的起始地址，一般与 -l 选项联合使用。

-C <number>：指定柱面编号。

-H <number>：指定磁头编号。

-S <number>：指定磁道扇区编号。

（2）命令示例：

```
#查看磁盘信息
fdisk -l
#/dev/sdb分区
fdisk /dev/sdb
```

执行上述命令后，步骤如下所示：

```
[root@localhost ~]# fdisk /dev/sdb        1
Welcome to fdisk (util-linux 2.23.2).

Changes will remain in memory only, until you decide to write them.
Be careful before using the write command.

Device does not contain a recognized partition table
Building a new DOS disklabel with disk identifier 0xf32ee51d.

Command (m for help): m
Command action                            2
   a   toggle a bootable flag
   b   edit bsd disklabel
   c   toggle the dos compatibility flag
   d   delete a partition
   g   create a new empty GPT partition table
   G   create an IRIX (SGI) partition table
   l   list known partition types
   m   print this menu
   n   add a new partition
   o   create a new empty DOS partition table
   p   print the partition table
   q   quit without saving changes
   s   create a new empty Sun disklabel
   t   change a partition's system id
   u   change display/entry units
   v   verify the partition table
   w   write table to disk and exit
   x   extra functionality (experts only)

Command (m for help):


Command (m for help): n        3
Partition type:
   p   primary (0 primary, 0 extended, 4 free)
   e   extended
Select (default p): p        4                5
Partition number (1-4, default 1): 1
First sector (2048-20971519, default 2048):        6
Using default value 2048
Last sector, +sectors or +size{K,M,G} (2048-20971519, default 20971519):
Using default value 20971519
Partition 1 of type Linux and of size 10 GiB is set

Command (m for help): w        7
```

如上示例箭头所示，第 1 步执行 fdisk /dev/sdb，开始对磁盘 sdb 进行分区；第 2 步输入 m 查看帮助信息；第 3 步输入 n 表示增加新分区；第 4 步输入 p 表示做主分区（如果输入 e 表示进行逻辑分区）；第 5 步输入分区号，主分区号是 1~4；第 6 步选择分区开始位置及大小，都可以按默认值，大小设置可以按“+ 大小 K/M/G”的格式，如果想设置 2 GB，则填“+2G”（不能大于剩于磁盘大小）；第 7 步输入 w 进行保存。

模块名称	磁盘管理与文件归档	任务名称	磁盘分区和挂载	
班级		姓名		日期

进入“Command (m for help):”后需要输入字符命令，以下对常用的字符命令进行注释：

```
d   delete a partition                #删除分区
l    list known partition types       #显示分区类型
m   print this menu                   #打印帮助菜单
n   add a new partition               #添加新的分区
p   print the partition table         #显示分区表
q   quit without saving changes       #不保存，退出
t   change a partition's system id    #改变分区类型
w   write table to disk and exit   #写分区表信息到硬盘，保存操作并退出
```

3. 格式化磁盘 -mkfs 命令

（1）功能：特定的分区上建立 Linux 文件系统，磁盘分区后需要进行格式化。

（2）语法：`mkfs [options] [-t <type>] [fs-options] <device> [<size>]`

或者 `mkfs.<type>  <device>`

其中，type 类型可以是 ext3、ext4、xfs 等，CentOS 7 默认文件系统是 xfs，CentOS 6 是 ext4，CentOS 5 是 ext3。

（3）命令示例：

```
#格式化/dev/sdb1
mkfs -t xfs /dev/sdb1
#格式化/dev/sdb2
mkfs.xfs /dev/sdb2
```

4. 挂载命令 -mount

（1）挂载是指由操作系统使一个存储设备（诸如硬盘、CD-ROM 或共享资源）上的计算机文件和目录可供用户通过计算机的文件系统访问的一个过程。Linux 操作系统中，挂载是一个非常重要的功能，使用非常频繁，功能是将一个设备（通常是存储设备）挂接到一个已存在的目录上（作为挂载点，这个目录可以不为空，但挂载后这个目录下以前的内容将不可用），从而实现硬件设置与 Linux 文件系统关联，接入一个磁盘在分区和格式化之后，要进行挂载才可以使用。

（2）语法有以下几种格式：

① mount [-lhV]

② mount -a [options]

③ mount [options] [--source] <source> | [--target] <directory>

④ mount [options] <source> <directory>

⑤ mount <operation> <mountpoint> [<target>]

（3）参数 [options]：

-v：显示详细信息，通常和 -f 用来除错。

模块名称	磁盘管理与文件归档	任务名称	磁盘分区和挂载		
班级		姓名		日期	

-a：将 /etc/fstab 中定义的所有文件系统挂上。

-F：这个命令通常和 -a 一起使用，它会为每一个 mount 的动作产生一个行程并负责执行。在系统需要挂上大量 NFS 文件系统时可以加快挂上的动作。

-f：通常用于除错。它会使 mount 并不执行实际挂上的动作，而是模拟整个挂上的过程，通常会和 -v 一起使用。

-t：指定文件系统的形态。通常不必指定，mount 会自动选择正确的形态。

-o async：打开非同步模式，所有的文件读 / 写动作都会用非同步模式执行。

-o sync：在同步模式下执行。

-o auto、-o noauto：打开 / 关闭自动挂上模式。

-o defaults: 使用预设的选项 rw、suid、dev、exec、auto、nouser 和 async。

-o dev、-o nodev-o exec、-o noexec：允许执行文件被执行。

-o user、-o nouser：用户可以执行 mount/umount 的动作。

-o remount：将一个已经挂下的文件系统重新用不同的方式挂上。例如，原先是只读的系统，现在用可读 / 写的模式重新挂上。

-o ro：用只读模式挂上。

-o rw：用可读 / 写模式挂上。

-o loop=：使用 loop 模式用来将一个文件当成硬盘分割挂上系统。

（4）命令示例：

```
#挂载分区/dev/sdb1至/data目录，这是最常用的
mount  /dev/sdb1  /data
```

（5）自动挂载的方法。使用命令进行挂载重启后需要重新挂载，如果想永久自动挂载，可以写入配置文件 /etc/fstab。/etc/fstab 配置文件中，已记录六个字段，具体字段描述如下：

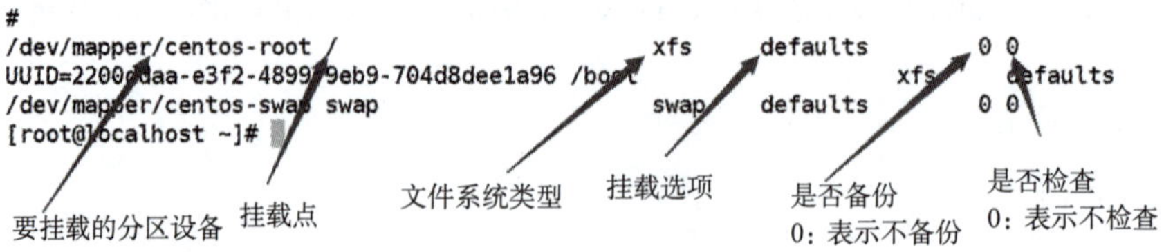

要挂载的分区设备可以使用设置名称，也可以使用 UUID 号码。

①方法 1：配置文件 /etc/fstab 内，添加设备路径。命令示例如下：

```
/dev/mapper/centos-root /                       xfs     defaults        0 0
UUID=2200ddaa-e3f2-4899-9eb9-704d8dee1a96 /boot                   xfs     defaults        0 0
/dev/mapper/centos-swap swap                    swap    defaults        0 0
/dev/sdb1        /data    xfs      defaults        0 0
```

模块名称	磁盘管理与文件归档	任务名称	磁盘分区和挂载		
班级		姓名		日期	

②方法 2：配置文件 /etc/fstab 内，使用 UUID 挂载。命令示例如下：

```
/dev/mapper/centos-root /                       xfs     defaults        0 0
UUID=2200ddaa-e3f2-4899-9eb9-704d8dee1a96 /boot                   xfs     defaults        0 0
/dev/mapper/centos-swap swap                    swap    defaults        0 0
UUID=aff1d3b0-d281-41fa-845d-90d62dc7c40e       /data   xfs     defaults        0 0
```

③获取 UUID 的命令：blkid。

```
[root@lovelyway~]# blkid
/dev/sda1: UUID="d47eab1f-3c29-44df-9631-4feb67a079b1" TYPE="xfs"
/dev/sda2: UUID="1elnHW-2Vx7-xqc2-l3OI-2iC0-W1NX-Fw06P0" TYPE="swap"
/dev/sda3: UUID="93eb8979-fe61-4fed-9b3c-ff4352335027" TYPE="xfs"
/dev/sdb1: UUID="affld3b0-d281-41fa-845d-90d62dc7c40e" TYPE="xfs"
```

5. 卸载挂载点 -umount

（1）功能：卸载文件系统。

（2）语法：

```
umount -a [options]
umount [options] <source> | <directory>
```

（3）参数 [options]：

-a：卸载 /etc/fstab 中记录的所有文件系统。

-n：卸载时不要将信息存入 /etc/mtab 文件中。

-r 若无法成功卸载，则尝试以只读的方式重新挂入文件系统。

-t < 文件系统类型 >。仅卸载选项中所指定的文件系统。

（4）命令示例：

```
#卸载/dev/sdb1
umount /dev/sdb1
#卸载挂载点/data
umount /data
```

6. 其他相关命令

（1）查看挂载点命令：df -h。

（2）获得新分区表命令（以硬盘 sda 为例）：partx -a /dev/sda。

7. LVM 卷管理

（1）特点：很好地解决在线扩充空间的问题，而且不会对数据造成影响。

（2）术语：

① PE（physical extend）：卷的最小单位，默认 4 MB 大小，卷就是以 PE 的形式存储。

② PV（physical volume）：物理卷，如果要使用逻辑卷，首先第一步操作就是将磁盘格式化成 PV。

模块名称	磁盘管理与文件归档	任务名称	磁盘分区和挂载		
班级		姓名		日期	

③ VG（volume group）：卷组，VG 就是将很多 PE 组合在一起生成一个卷组，当然这里的 PE 是可以跨磁盘的。如果当前服务器磁盘空间不足，可以增加一个新磁盘，对当前系统不会产生任何影响。

④ LV（logical volume）：逻辑卷，最终给用户使用。

（3）LVM 创建流程如下（新增物理磁盘为例）：

①对新增磁盘（/dev/sdb，/dev/sdc）执行分区、更改分区类型、写入变更等操作。命令如下：

```
fdisk /dev/sdb
```

②创建物理卷，命令如下：

```
pvcreate /dev/sdb1
```

③创建卷组，命令如下：

```
vgcreate vg-test /dev/sdb1
```

④创建逻辑卷（使用全部空间），命令如下：

```
lvcreate --name lvm-test01 -l 100%FREE vg-test
```

⑤添加文件系统，命令如下：

```
mkfs -t xfs /dev/vg-test/lvm-test01
```

⑥创建逻辑卷（使用全部空间），命令如下：

```
lvcreate --name lvm-test01 -l 100%FREE vg-test
```

⑦添加文件系统，命令如下：

```
mkfs -t xfs /dev/vg-test/lvm-test01
```

⑧挂载并测试，命令如下：

```
#创建目录并挂载
mkdir /data-lvm
mount /dev/vg-test/lvm-test01 /data-lvm/
#查看挂载状态，df -Th
```

（4）常用命令汇总，见表 7-1-1。

表 7-1-1　常用命令汇总

功能 / 命令	物理卷管理	卷组管理	逻辑卷管理
扫描	pvcsan	vgscan	lvscan
创建	pvcreate	vgcreate	lvcreate
显示	pvdisplay	vgdisplay	lvdisplay
删除	pvremove	vgremove	lvremove
扩展	—	vgextend	lvextend
缩小	—	vgreduce	lvreduce

模块名称	磁盘管理与文件归档	任务名称	磁盘分区和挂载	
班级		姓名	日期	

05 任务实施

（1）查看分区情况，新加的磁盘设备 sdb 还没有进行分区，如图 7-1-2 所示。

```
[root@localhost ~]# fdisk -l

Disk /dev/sda: 21.5 GB, 21474836480 bytes, 41943040 sectors
Units = sectors of 1 * 512 = 512 bytes
Sector size (logical/physical): 512 bytes / 512 bytes
I/O size (minimum/optimal): 512 bytes / 512 bytes
Disk label type: dos
Disk identifier: 0x00021807

   Device Boot      Start         End      Blocks   Id  System
/dev/sda1   *        2048     2099199     1048576   83  Linux
/dev/sda2         2099200    41943039    19921920   8e  Linux LVM

Disk /dev/sdb: 21.5 GB, 21474836480 bytes, 41943040 sectors
Units = sectors of 1 * 512 = 512 bytes
Sector size (logical/physical): 512 bytes / 512 bytes
I/O size (minimum/optimal): 512 bytes / 512 bytes
```

图 7-1-2　查看本机硬盘分区情况

（2）使用 fdisk 进行分区，按提示输入 m 可以查看命令帮助，如图 7-1-3 所示。

```
[root@localhost ~]# fdisk /dev/sdb
Welcome to fdisk (util-linux 2.23.2).

Changes will remain in memory only, until you decide to write them.
Be careful before using the write command.

Device does not contain a recognized partition table
Building a new DOS disklabel with disk identifier 0x90a118bd.

Command (m for help): m
Command action
   a   toggle a bootable flag
   b   edit bsd disklabel
   c   toggle the dos compatibility flag
   d   delete a partition
   g   create a new empty GPT partition table
   G   create an IRIX (SGI) partition table
   l   list known partition types
   m   print this menu
   n   add a new partition
   o   create a new empty DOS partition table
   p   print the partition table
   q   quit without saving changes
   s   create a new empty Sun disklabel
   t   change a partition's system id
   u   change display/entry units
   v   verify the partition table
   w   write table to disk and exit
   x   extra functionality (experts only)
```

图 7-1-3　fdisk 命令查看帮助

（3）使用 fdisk 进行分区，按提示输入 n 后选择分区类型、分区号、分区大小，查看分区表等操作（具体步骤可参考前面“知识链接”），如图 7-1-4 所示。

（4）重写分区表，即保存刚才的设置，如图 7-1-5 所示。

（5）格式化分区，使用命令 mkfs.xfs　/dev/sdb1 后，新建挂载点，并挂载 sdb1 分区，查看挂载情况，如图 7-1-6 所示。使用 mount 命令挂载，服务器进行重启后，就会失效，如果想永久有效，就需要修改配置文件，具体参考步骤（6）。

（6）开机自动挂载，修改 /etc/fstab 文件，在文件后面加入画线内容，如图 7-1-7 所示。

（7）重启服务器，查看挂载情况，新分区已按照配置文件内容自动挂载，如图 7-1-8 所示。

模块名称	磁盘管理与文件归档	任务名称	磁盘分区和挂载		
班级		姓名		日期	

```
[root@localhost ~]# fdisk /dev/sdb
Welcome to fdisk (util-linux 2.23.2).

Changes will remain in memory only, until you decide to write them.
Be careful before using the write command.

Device does not contain a recognized partition table
Building a new DOS disklabel with disk identifier 0xb926e7f1.

Command (m for help): n
Partition type:
   p   primary (0 primary, 0 extended, 4 free)
   e   extended
Select (default p):
Using default response p
Partition number (1-4, default 1): 1
First sector (2048-41943039, default 2048):
Using default value 2048
Last sector, +sectors or +size{K,M,G} (2048-41943039, default 41943039): +10G
Partition 1 of type Linux and of size 10 GiB is set

Command (m for help): p

Disk /dev/sdb: 21.5 GB, 21474836480 bytes, 41943040 sectors
Units = sectors of 1 * 512 = 512 bytes
Sector size (logical/physical): 512 bytes / 512 bytes
I/O size (minimum/optimal): 512 bytes / 512 bytes
Disk label type: dos
Disk identifier: 0xb926e7f1

   Device Boot      Start         End      Blocks   Id  System
/dev/sdb1            2048    20973567    10485760   83  Linux

Command (m for help):
```

图 7-1-4　fdisk 分区设置

```
Command (m for help): w

Disk /dev/sdb: 21.5 GB, 21474836480 bytes, 41943040 sectors
Units = sectors of 1 * 512 = 512 bytes
Sector size (logical/physical): 512 bytes / 512 bytes
I/O size (minimum/optimal): 512 bytes / 512 bytes
Disk label type: dos
Disk identifier: 0xb926e7f1

   Device Boot      Start         End      Blocks   Id  System
/dev/sdb1            2048    20973567    10485760   83  Linux
```

图 7-1-5　保存分区设置

```
[root@localhost /]# ls
bin  boot  dev  etc  home  lib  lib64  media  mnt  opt  proc  root  run  sbin
[root@localhost /]# mkdir data1
[root@localhost /]# mount /dev/sdb1/ /data1/
[root@localhost /]# df -h
Filesystem               Size  Used Avail Use% Mounted on
devtmpfs                 1.9G     0  1.9G   0% /dev
tmpfs                    1.9G     0  1.9G   0% /dev/shm
tmpfs                    1.9G   12M  1.9G   1% /run
tmpfs                    1.9G     0  1.9G   0% /sys/fs/cgroup
/dev/mapper/centos-root   17G  1.6G   16G  10% /
/dev/sda1               1014M  151M  864M  15% /boot
tmpfs                    378M     0  378M   0% /run/user/0
/dev/sdb1                9.8G   37M  9.2G   1% /data1
[root@localhost /]#
```

图 7-1-6　新分区挂载设置

```
#
# /etc/fstab
# Created by anaconda on Mon Apr  4 05:43:23 2022
#
# Accessible filesystems, by reference, are maintained under '/dev/disk'
# See man pages fstab(5), findfs(8), mount(8) and/or blkid(8) for more info
#
/dev/mapper/centos-root /                       xfs     defaults        0 0
UUID=2f36fe3b-f42d-48e9-b719-78df3308114e /boot                   xfs     defaults        0 0
/dev/mapper/centos-swap swap                    swap    defaults        0 0
/dev/sdb1 /data1                                ext4    defaults        0 0
```

图 7-1-7　文件 /etc/fstab 添加挂载信息

模块名称	磁盘管理与文件归档	任务名称	磁盘分区和挂载		
班级		姓名		日期	

```
login as: root
root@192.168.142.128's password:
Last login: Thu Apr  7 05:27:52 2022 from 192.168.142.1
[root@localhost ~]# df -h
Filesystem               Size  Used Avail Use% Mounted on
devtmpfs                 1.9G     0  1.9G   0% /dev
tmpfs                    1.9G     0  1.9G   0% /dev/shm
tmpfs                    1.9G   12M  1.9G   1% /run
tmpfs                    1.9G     0  1.9G   0% /sys/fs/cgroup
/dev/mapper/centos-root   17G  1.6G   16G  10% /
/dev/sda1               1014M  151M  864M  15% /boot
/dev/sdb1                9.8G   37M  9.2G   1% /data1
tmpfs                    378M     0  378M   0% /run/user/0
[root@localhost ~]#
```

图 7-1-8　重启服务器查看挂载情况

06 活页笔记

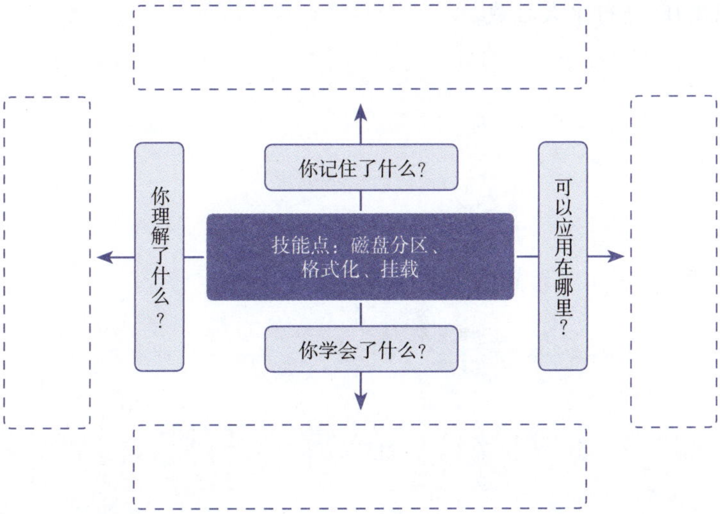

自我分析与总结：

模块名称	磁盘管理与文件归档	任务名称	磁盘分区和挂载		
班级		姓名		日期	

07 评价反馈

评价细目	评价标准	分值	得分
磁盘分区	熟练使用	35	
磁盘格式化	熟练使用	15	
挂载	熟练使用	35	
学习态度	认真自主完成学习实践	15	

08 作业与训练

（1）在 sdb 盘上建一个分区，大小为 3 GB，再进行格式化。

（2）使用 UUID 进行永久挂载。

课程名称	Linux 操作系统应用	模块七　磁盘管理与文件归档			
班级		学时	10	日期	
任务二　文件归档和压缩					
专业群	群内所有专业	学时	2 学时		

01 任务描述

××公司的 Linux 旧服务器要停用，管理员小嘉要将旧服务器上的文件归档，迁移至新的服务器上。

02 导　学

温馨提示	关键知识点	关键技能
学习完成本任务后，知识和技能可以达到 95% 以上 重点系数：★★★★ 难度系数：★★★	文件的归档及压缩	文件归档工具的应用

03 学习目标

素质目标	◎具有解决问题的能力和持续学习的态度。
技能目标	◎熟练进行文件归档命令的应用。
知识目标	◎理解文件归档的原理。

04 相关知识

Linux 文件的归档和压缩是系统管理和数据传输中的重要环节。归档是将多个文件和目录组合到一个单一文件中，以便于管理和传输。在 Linux 中，通常通过 tar 命令实现。压缩是通过特定算法减小文件的大小，以节省磁盘空间或便于传输。Linux 中常用的压缩工具有 gzip、bzip2 和 zip 等。以下讲解归档及压缩的相关命令。

1. 文档归档与压缩命令 tar

（1）功能：文档的打包与压缩，tar 文件是把几个文件或目录集合在一个文件中，为打包文件。如果打包过程需要压缩，加上 z、j 或者 J 参数，以 tar.gz、tar.bz2 和 tar.xz 为 3 种常见的压缩文件。

（2）语法：tar [OPTION] [FILE]。其中，[FILE] 表示文件名称。

（3）参数 [OPTION]：

-A 或 --catenate：新增文件到已存在的备份文件。

模块名称	磁盘管理与文件归档	任务名称	文件归档和压缩		
班级		姓名		日期	

-c 或 --create：建立新的备份文件。

-C< 目的目录 > 或 --directory=< 目的目录 >：切换到指定的目录。

-d 或 --diff 或 --compare：对比备份文件内和文件系统中文件的差异。

-f< 备份文件 > 或 --file=< 备份文件 >：指定备份文件。

-k 或 --keep-old-files：解开备份文件时，不覆盖已有的文件。

-K< 文件 > 或 --starting-file=< 文件 >：从指定的文件开始还原。

-m 或 --modification-time：还原文件时，不变更文件的更改时间。

-r 或 --append：新增文件到已存在的备份文件的结尾部分。

-t 或 --list：列出备份文件的内容。

-v 或 --verbose：显示指令执行过程。

-x 或 --extract 或 --get：从备份文件中还原文件。

-z 或 --gzip 或 --ungzip：通过 gzip 指令压缩备份文件，扩展名为 tar.gz。

-j：以 bz2 方式压缩，扩展名为 tar.bz2。

-J：以 xz 方式压缩，扩展名为 tar.xz。

（4）命令示例：

```
#给/boot/grub目录打包，打包文件以tar为后缀
tar -cvf grub.tar /boot/grub/
#指定解压位置/opt，加上参数-C，tar命令的参数前可以不使用“-”
tar xvf grub.tar.bz2 -C /opt
#压缩备份newfiles为tar.gz为后缀的文件，不覆盖已有的文件
tar czvf newfile.tar.gz newfile
#解压newfile.tar.gz
tar zxvf newfile.tar.gz
#压缩备份newfiles为tar.bz2为后缀的文件，不覆盖已有的文件
tar jcvf newfile.tar.bz2 newfile
#压缩备份newfiles为tar.xz为后缀的文件，不覆盖已有的文件
tar Jcvf newfile.tar.xz newfile
```

2. 解压缩命令 -zip/unzip

zip 软件包解压缩命令包括压缩程序 zip 和解压程序 unzip。

1）zip 压缩命令

（1）功能：压缩为 zip 格式。

（2）语法：

```
zip [-options] [-b path] [-t mmddyyyy] [-n suffixes] [zipfile list] [-xi list]
```

（3）参数：

-b< 工作目录 >：指定暂时存放文件的目录。

模块名称	磁盘管理与文件归档	任务名称	文件归档和压缩		
班级		姓名		日期	

-d：从压缩文件内删除指定的文件。

-D：压缩文件内不建立目录名称。

-f：更新现有的文件。

-F：尝试修复已损坏的压缩文件。

-g：将文件压缩后附加在既有的压缩文件之后，而非另行建立新的压缩文件。

-m：将文件压缩并加入压缩文件后，删除原始文件，即把文件移到压缩文件中。

-o：以压缩文件内拥有最新更改的文件为准，将压缩文件的更改时间设成和该文件相同。

-q：不显示指令执行过程。

-r：递归处理，将指定目录下的所有文件和子目录一并处理。

-S：包含系统和隐藏文件。

-t< 日期时间 >：把压缩文件的日期设成指定的日期。

-T：检查备份文件内的每个文件是否正确无误。

-v：显示指令执行过程或显示版本信息。

（4）命令示例：

```
#压缩/etc/passwd文件为a.zip
zip a.zip /etc/passwd
#压缩/test目录，为test.zip
zip -r test.zip /test
```

2）解压命令 -unzip

（1）功能：解压 zip 文件。

（2）语法：

```
unzip [-Z] [-options[modifiers]] file[.zip] [list] [-x xlist] [-d exdir]
```

（3）参数：

-l：显示压缩文件内所包含的文件。

-t：检查压缩文件是否正确。

-v：执行时显示详细的信息。

-z：仅显示压缩文件的备注文字。

-C：压缩文件中的文件名称区分大小写。

-j：不处理压缩文件中原有的目录路径。

-L：将压缩文件中的全部文件名改为小写。

-n：解压缩时不要覆盖原有的文件。

-o：不必先询问用户，unzip 执行后覆盖原有文件。

-P< 密码 >：使用 zip 的密码选项。

模块名称	磁盘管理与文件归档	任务名称	文件归档和压缩		
班级		姓名		日期	

-q：执行时不显示任何信息。

-X：解压缩时同时回存文件原来的 UID/GID。

-d<目录>：指定文件解压缩后所要存储的目录。

-x<文件>：指定不要处理 .zip 压缩文件中的哪些文件。

（4）命令示例：

```
#查看test.zip内包含的文件
unzip -l test.zip
#解压test.zip文件
unzip test.zip
```

3. 其他压缩命令

另外，还有一些常用的压缩命令，包括 gzip、bzip2 和 xz，分别对应的文件格式为 gz、.bz2 和 .xz。

（1）语法：`命令 [OPTION] 文件`

（2）参数：

-k：保留下源文件，但是 gzip 不可用。

-d：解压。

（3）命令示例：

```
#使用gzip对文件进行压缩，且压缩后生成a.txt.gz，源文件a.txt会消失，不能使用-k
gzip a.txt
#使用bzip2命令成生压缩文件1.txt.bz2，保留1.txt
bzip2 -k 1.txt
#使用xz命令生压缩文件1.txt.xz，同时保留1.txt
xz -k 1.txt
#分别使用gzip、bzip2和xz命令解压文件
gzip -d a.txt.bz2
bzip2 -d a.txt.bz2
xz -d a.txt.bz2
```

问题引导

使用 tar 命令，将同一个文件打包或者压缩的 4 种文件 .tar、tar.gz、 tar.bz2、tar.xz，对比 4 种文件大小。

模块名称	磁盘管理与文件归档	任务名称	文件归档和压缩		
班级		姓名		日期	

05 任务实施

1. 在原服务器上进行归档

（1）使用 zip 压缩文件，缩小文件大小，生成 zip 文件，如图 7-2-1 所示。

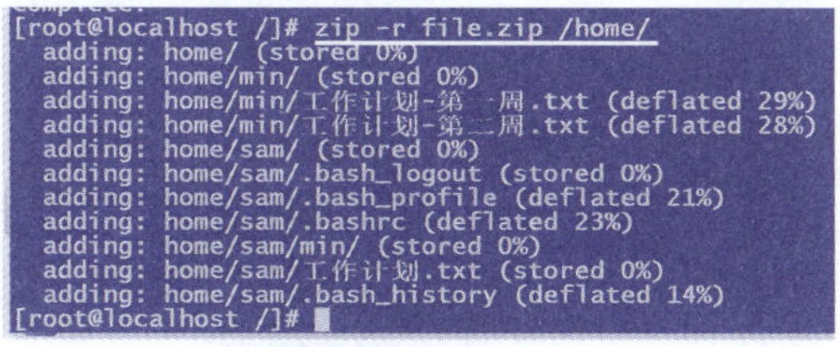

图 7-2-1　zip 命令压缩文件

（2）使用 tar 命令归档，生成 tar 文件，如图 7-2-2 所示。

图 7-2-2　tar 命令归档文件

（3）查看 tar 包中的内容，如图 7-2-3 所示。

图 7-2-3　tar 命令查看归档文件内容

2. 在新服务器上解压文件

（1）使用 tar 命令解档，如图 7-2-4 所示。

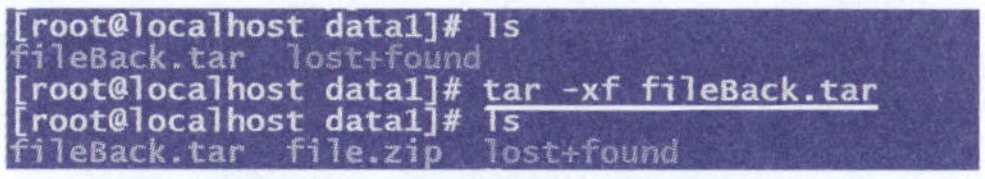

图 7-2-4　tar 命令解档文件

（2）unzip 解压，如图 7-2-5 所示。

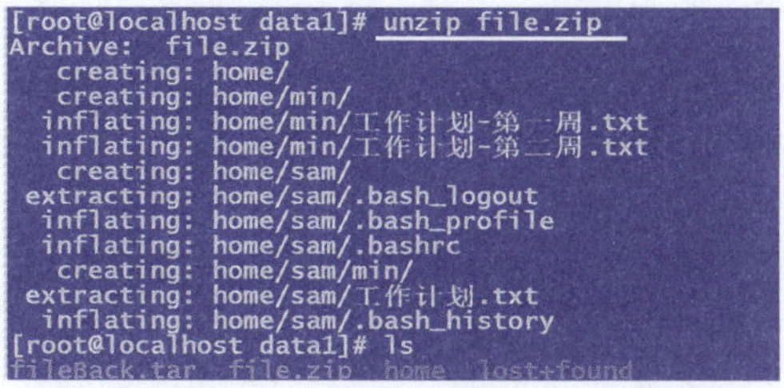

图 7-2-5　unzip 命令解压缩文件

按照以上操作，移植前进行压缩及归档，移植新服务器后，再进行解归档及解压操作。

模块名称	磁盘管理与文件归档	任务名称	文件归档和压缩		
班级		姓名		日期	

06 活页笔记

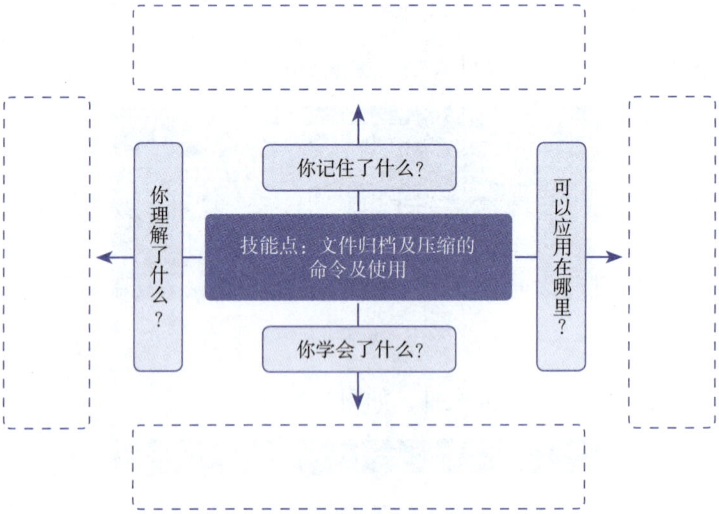

自我分析与总结：

模块名称	磁盘管理与文件归档	任务名称	文件归档和压缩		
班级		姓名		日期	

07 评价反馈

评价细目	评价标准	分值	得分
tar 命令的使用	能打包、压缩与解压	40	
zip 命令的使用	能压缩与解压	30	
gzip、bzip2 和 xz 的使用	能压缩与解压	10	
学习态度	认真自主完成学习实践	20	

08 作业与训练

（1）给 /var/log/messages 目录打包成 messages.tar，存放在当前目录下。

（2）将 messages.tar 指定解压到位置 /opt/ 下。

课程名称	Linux 操作系统应用	模块七　磁盘管理与文件归档			
班级		学时	10	日期	
任务三　创建磁盘阵列					
专业群	群内所有专业	学时	4 学时		

01 任务描述

××公司的服务器有四块大小一样的硬盘用来存储数据，公司要求容错性好，读/写效率高，服务器管理员小嘉考虑之后，决定将这四块硬盘做成 Raid10 磁盘阵列。

02 导　学

温馨提示	关键知识点	关键技能
学习完成本任务后，知识和技能可以达到 95% 以上 重点系数：★★★ 难度系数：★★★★★	磁盘阵列的原理与常见种类	RAID0、RAID1、RAID5 等常见磁盘阵列的创建及使用

03 学习目标

素质目标	◎具有解决问题的能力和持续学习的态度。
技能目标	◎熟练进行常见的磁盘阵列的创建及使用。
知识目标	◎理解磁盘阵列的原理。 ◎常见的磁盘阵列种类。

04 相关知识

1. 磁盘阵列 RAID 概述

RAID（redundant arrays of independent disks，磁盘阵列）。是由很多块独立的磁盘组合成一个容量巨大的磁盘组，利用个别磁盘提供数据所产生加成效果提升整个磁盘系统效能。磁盘阵列还能利用同位检查（parity check）的观念，在数组中任意一个硬盘出现故障时，仍可读出数据，在数据重构时，将数据经计算后重新置入新硬盘中。

RAID 的两个关键目标是提高数据可靠性和 I/O 性能。磁盘阵列中，数据分散在多个磁盘中，然而对于计算机系统来说，就像一个单独的磁盘。通过把相同数据同时写入多块磁盘（典型地如镜像），或者将计算的校验数据写入阵列中来获得冗余能力。当单块磁盘出现故障时可以保证不会导致数据丢失，有些 RAID 等级允许更多地磁盘同时发生故障。在这样的冗余机制下，可以

模块名称	磁盘管理与文件归档	任务名称	创建磁盘阵列	
班级		姓名		日期	

用新磁盘替换故障磁盘，RAID 会自动根据剩余磁盘中的数据和校验数据重建丢失的数据，保证数据一致性和完整性。数据分散保存在 RAID 中的多个不同磁盘上，并发数据读 / 写要大大优于单个磁盘，因此可以获得更高的聚合 I/O 带宽。当然，磁盘阵列会减少全体磁盘的总可用存储空间，牺牲空间换取更高的可靠性和性能。例如，RAID1 存储空间利用率仅有 50%，RAID5 会损失其中一个磁盘的存储容量，空间利用率为（$n-1$）/n。

常用的磁盘阵列一共有 0~6 一共 7 种，其中 RAID 0、RAID 1、RAID 5 比较常用。

1）RAID 0

RAID 0 是一种简单的、无数据校验的数据条带化技术。它并不提供任何形式的冗余策略，连续以位或字节为单位分割数据，并行读 / 写于多个磁盘上，因此具有很高的数据传输速率。

RAID 0 将所在磁盘条带化后组成大容量的存储空间，将数据分散存储在所有磁盘中，以独立访问方式实现多块磁盘的并行访问。由于可以并发执行 I/O 操作，总线带宽得到充分利用。再加上不需要进行数据校验，RAID 0 的性能在所有 RAID 等级中是最高的。理论上讲，一个由 n 块磁盘组成的 RAID 0，它的读 / 写性能是单个磁盘性能的 n 倍，但由于总线带宽等多种因素的限制，实际的性能提升低于理论值。RAID 0 数据存储方法（假设有 D1 与 D2 两块硬盘）见表 7-3-1。

表 7-3-1　RAID 0 两块硬盘数据存放位置

D1	D2
数据 1	数据 2
数据 3	数据 4
数据 5	数据 6

RAID 0 具有低成本、高读 / 写性能、100% 的高存储空间利用率等优点，但是它不提供数据冗余保护，一旦数据损坏，将无法恢复。因此，RAID 0 一般适用于传输快但对数据安全性和可靠性不高的应用，如视频、音频存储、临时数据缓存空间等。

2）RAID 1

RAID 1 将数据完全一致地分别写到工作磁盘和镜像磁盘，在成对的独立磁盘上产生互为备份的数据，它的磁盘空间利用率为 50%。

RAID 1 提供了最佳的数据保护，一旦工作磁盘发生故障，系统自动从镜像磁盘读取数据，不会影响用户工作。RAID 1 数据存储方法如下（假设有 D1 与 D2 两块硬盘），见表 7-3-2。

表 7-3-2　RAID 0 两块硬盘数据存放位置

D1	D2
数据 1	数据 1
数据 2	数据 2
数据 3	数据 3

模块名称	磁盘管理与文件归档	任务名称	创建磁盘阵列		
班级		姓名		日期	

RAID 1 应用于对顺序读 / 写性能要求高以及对数据保护极为重视的应用。

3）RAID 5

RAID 5 的磁盘上同时存储数据和校验数据，数据块和对应的校验信息存保存在不同的磁盘上，当一个数据盘损坏时，系统可以根据同一条带的其他数据块和对应的校验数据来重建损坏的数据。

RAID 5 兼顾存储性能、数据安全和存储成本等各方面因素，可以理解为 RAID 0 和 RAID 1 的折中方案，*N*（*N* >=3）块盘组成阵列，一份数据产生 *N*−1 份，同时还有 1 份校验数据，共 *N* 份数据在 *N* 块盘上循环均衡存储，磁盘利用率为（*N*−1）/*N*。这是目前综合性能最佳的数据保护解决方案。RAID 5 数据存储方法（假设有 D1、D2 与 D3 三块硬盘）见表 7-3-3。

表 7-3-3　RAID 5 三块硬盘数据存放位置

D1	D2	D3
数据 1	数据 2	校验和 1
校验和 2	数据 3	数据 4
数据 5	校验和 3	数据 6

RAID 5 基本上可以满足大部分存储应用需求，允许坏 1 块盘，不影响所有数据，数据中心大多采用它作为应用数据的保护方案。

4）RAID 10

Raid 10 是一个 Raid 1 与 Raid 0 的组合体，它是利用奇偶校验实现条带集镜像，所以它继承了 Raid 0 的快速和 Raid 1 的安全。

同时拥有 RAID 0 的超凡速度和 RAID 1 的数据高可靠性，但是 CPU 占用率同样也更高，而且磁盘的利用率比较低。RAID 10 对存储容量的利用率和 RAID 1 一样低，只有 50%。RAID 5 数据存储方法（假设有 D1、D2、D3 与 D4 四块硬盘）见表 7-3-4。

表 7-3-4　RAID 10 四块硬盘数据存放位置

D1	D2	D3	D4
数据 1	数据 1	数据 2	数据 2
数据 3	数据 3	数据 4	数据 4

用于数据库存储服务器等需要高性能、高容错，但对容量要求不大的场合。

5）RAID 6

RAID 6 技术是在 RAID 5 基础上，为了进一步加强数据保护而设计的一种 RAID 方式，实际上是一种扩展 RAID 5 等级。与 RAID 5 的不同之处除了每个硬盘上都有同级数据 XOR 校验区外，还有一个针对每个数据块的 XOR 校验区，RAID 6 是在 RAID 5 基础上把校验信息由一位增加到两位的 RAID 级别。

模块名称	磁盘管理与文件归档	任务名称	创建磁盘阵列		
班级		姓名		日期	

RAID 6 的优点是具有快速的读取性能、更高的容错能力；而它的缺点是很慢的写入速度，RAID 控制器在设计上更加复杂，成本更高。

RAID 6 一般情况下应用在硬件存储设备，存储关键业务数据。

2. 软件 RAID 与硬件 RAID

通过用操作系统来完成 RAID 功能的就是软件 RAID，通过用硬件来实现 RAID 功能的就是硬件 RAID。它们有以下区别：

1）性能不同

（1）硬件 RAIN 从硬件直接支持 RAIN，不需要额外性能

（2）软件 RAIN 需要 CPU 配合，性能相对较低。

2）兼容性不同

（1）硬件 RAIN 所有系统都支持。

（2）软件 RAIN 只有 Windows/Linux 系统支持。

3）成本不同

（1）硬件 RAIN 需要相应的硬件设备支持，成本较高。

（2）软件 RAID 通过在硬盘中模拟实现，成本较低。

本任务实操是做软件 RAID。

问题引导 1

RAID 磁盘是在安装系统之前做，还是之后做？

---

3. 软件 RAID 管理命令 mdadm

mdadm（多磁盘和设备管理），是一个命令行工具，可用于管理 Linux 上的软件 RAID 阵列。

（1）语法：`mdadm <raiddevice> [options] <component-devices>`

（2）参数 [options]：

-s,-scan：扫描配置文件或 /proc/mdstat 文件，发现丢失的信息。

-D,-detail：查看磁盘阵列详细信息。

-C,-create：建立新的磁盘阵列，也就是调用 Create 模式。

-a,-auto=yes：采用标准格式建立磁阵列。

模块名称	磁盘管理与文件归档	任务名称	创建磁盘阵列		
班级		姓名		日期	

-n,-raicklevices= 数字：使用几块硬盘或分区组成 RAID。

-l,-level= 级别：创建 RAID 的级别，可以是 0、1、5。

-x,-spare-devices= 数字：使用几块硬盘或分区组成备份设备。

-a,-add 设备文件名：在已经存在的 RAID 中加入设备。

-r,-remove 设备文件名：在已经存在的 RAID 中移除设备。

-f,-fail 设备文件名：把某个组成 RAID 的设备设置为错误状态。

-S,-stop：停止 RAID 设备。

-A,-assemble：按照配置文件加载 RAID。

-v：详细信息。

（3）命令示例：

```
#创建RAID 0，使用的两个磁盘分区/dev/sdb1和/dev/sdc1来创建磁盘阵列，为/dev/md0
mdadm -C -v /dev/md0 -l 0 -n 2
#查看RAID 0
cat /proc/mdstat
#查看RAID 0信息
mdadm -D /dev/md0
#查看RAID详细信息，并生成配置表，建议每次阵列有变化时执行该命令
mdadm -Dsv > /etc/mdadm.conf
#格式化分区
mkfs.xfs /dev/md0
#查看分区信息
blkid /dev/md0
#新建一个目录将RAID0进行挂载
mkdir /raid0
mount /dev/md0 /raid0
#创建RAID 1，其中sdd/sde作为使用盘，sdf为热备盘
mdadm -Cv /dev/md1 -l 1 -n 2 -x 1 /dev/sd[d,e,f]
#查看RAID 1详细信息，查看两个盘是否同步
mdadm -D /dev/md1
#格式化并挂载
mkfs.xfs /dev/md1
mkdir /raid1
mount /dev/md1 /raid1
#把sde设置为故障盘
mdadm /dev/md1 -f /dev/sde
#移除损坏的盘
mdadm -r /dev/md1 /dev/sde
#再添加回来
mdadm -a /dev/md1 /dev/sde
#创建RAID 5
mdadm -Cv /dev/md5 -l 5 -n 3 -x 1 /dev/sd[g,h,i,j]
#将RAID 5停止
```

模块名称	磁盘管理与文件归档	任务名称	创建磁盘阵列		
班级		姓名		日期	

```
mdadm -S /dev/md5
#扫描再激活停止的RAID
mdadm -As
#将RAID 5进行扩容
mdadm -G /dev/md5 -n 4
#删除阵列RAID0
umount/raid0
#停止raid设备
mdadm -Ss  /dev/md0
#删除配置文件
rm -rf /etc/mdadm.conf
#如果还有其他RAID，再生成一下
mdadm-Dsv > /etc/mdadm.conf
#清除物理磁盘的RAID标识
mdadm--zero-superblock /dev/sdb
mdadm--zero-superblock /dev/sdc
```

问题引导 2

RAID 5 可以减少成员盘吗？为什么？RAID 1 呢？

05 任务实施

（1）查看磁盘，执行 fdisk -l 命令后，磁盘情况如图 7-3-1 所示。

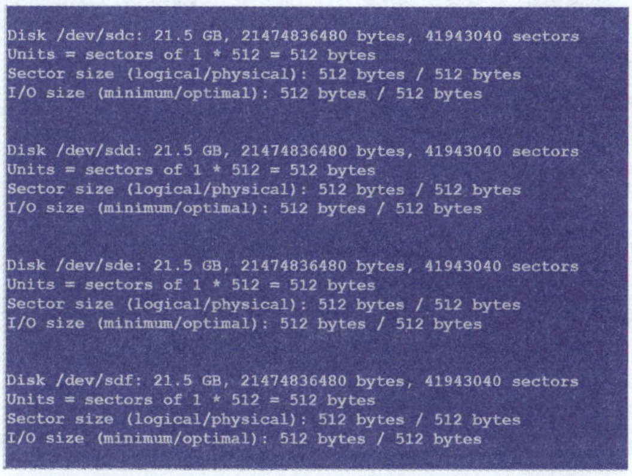

```
Disk /dev/sdc: 21.5 GB, 21474836480 bytes, 41943040 sectors
Units = sectors of 1 * 512 = 512 bytes
Sector size (logical/physical): 512 bytes / 512 bytes
I/O size (minimum/optimal): 512 bytes / 512 bytes

Disk /dev/sdd: 21.5 GB, 21474836480 bytes, 41943040 sectors
Units = sectors of 1 * 512 = 512 bytes
Sector size (logical/physical): 512 bytes / 512 bytes
I/O size (minimum/optimal): 512 bytes / 512 bytes

Disk /dev/sde: 21.5 GB, 21474836480 bytes, 41943040 sectors
Units = sectors of 1 * 512 = 512 bytes
Sector size (logical/physical): 512 bytes / 512 bytes
I/O size (minimum/optimal): 512 bytes / 512 bytes

Disk /dev/sdf: 21.5 GB, 21474836480 bytes, 41943040 sectors
Units = sectors of 1 * 512 = 512 bytes
Sector size (logical/physical): 512 bytes / 512 bytes
I/O size (minimum/optimal): 512 bytes / 512 bytes
```

图 7-3-1　磁盘情况查看

模块名称	磁盘管理与文件归档	任务名称	创建磁盘阵列		
班级		姓名		日期	

（2）如果 mdadm 命令未安装，则先安装 mdadm，如图 7-3-2 所示。

```
[root@localhost ~]# rpm -q mdadm
package mdadm is not installed
[root@localhost ~]# yum search mdadm
Loaded plugins: fastestmirror
Loading mirror speeds from cached hostfile
 * base: mirrors.163.com
 * extras: mirrors.163.com
 * updates: mirrors.163.com
============================ N/S matched: mdadm ============================
mdadm.x86_64 : The mdadm program controls Linux md devices (software RAID
             : arrays)

  Name and summary matches only, use "search all" for everything.
[root@localhost ~]# yum install mdadm.x86_64
Loaded plugins: fastestmirror
Loading mirror speeds from cached hostfile
```

图 7-3-2　安装 mdadm

（3）创建两个 RAID 1，分别命名为 md1（见图 7-3-3）和 md2，如图 7-3-4 所示。

```
[root@localhost ~]# mdadm -Cv /dev/md1 -l1 -n2 /dev/sd[c-d]1
mdadm: Note: this array has metadata at the start and
    may not be suitable as a boot device.  If you plan to
    store '/boot' on this device please ensure that
    your boot-loader understands md/v1.x metadata, or use
    --metadata=0.90
mdadm: size set to 20953088K
Continue creating array? y
mdadm: Defaulting to version 1.2 metadata
mdadm: array /dev/md1 started.
```

图 7-3-3　创建 md1

```
[root@localhost ~]# mdadm -Cv /dev/md2 -l1 -n2 /dev/sd[e-f]1
mdadm: Note: this array has metadata at the start and
    may not be suitable as a boot device.  If you plan to
    store '/boot' on this device please ensure that
    your boot-loader understands md/v1.x metadata, or use
    --metadata=0.90
mdadm: size set to 20953088K
Continue creating array? y
mdadm: Defaulting to version 1.2 metadata
mdadm: array /dev/md2 started.
```

图 7-3-4　创建 md2

（4）查看 RAID 磁盘的详细信息，md1 信息如图 7-3-5 所示，md2 信息如图 7-3-6 所示。

```
[root@localhost ~]# mdadm -D /dev/md1
/dev/md1:
           Version : 1.2
     Creation Time : Thu Apr  7 22:37:05 2022
        Raid Level : raid1
        Array Size : 20953088 (19.98 GiB 21.46 GB)
     Used Dev Size : 20953088 (19.98 GiB 21.46 GB)
      Raid Devices : 2
     Total Devices : 2
       Persistence : Superblock is persistent

       Update Time : Thu Apr  7 22:38:51 2022
             State : clean
    Active Devices : 2
   Working Devices : 2
    Failed Devices : 0
     Spare Devices : 0

Consistency Policy : resync

              Name : localhost.localdomain:1  (local to host localhost.localdoma
in)
              UUID : ce67188b:0daca5a1:5cfe43c7:0218a22f
            Events : 17

    Number   Major   Minor   RaidDevice State
       0       8       33        0      active sync   /dev/sdc1
       1       8       49        1      active sync   /dev/sdd1
```

图 7-3-5　查看 md1 详细信息

模块名称	磁盘管理与文件归档	任务名称	创建磁盘阵列		
班级		姓名		日期	

```
[root@localhost ~]# mdadm -D /dev/md2
/dev/md2:
           Version : 1.2
     Creation Time : Thu Apr  7 22:38:21 2022
        Raid Level : raid1
        Array Size : 20953088 (19.98 GiB 21.46 GB)
     Used Dev Size : 20953088 (19.98 GiB 21.46 GB)
      Raid Devices : 2
     Total Devices : 2
       Persistence : Superblock is persistent

       Update Time : Thu Apr  7 22:40:06 2022
             State : clean
    Active Devices : 2
   Working Devices : 2
    Failed Devices : 0
     Spare Devices : 0

Consistency Policy : resync

              Name : localhost.localdomain:2  (local to host localhost.localdomain)
              UUID : 616d50dc:950d605a:929e43d1:44a9ef09
            Events : 17

    Number   Major   Minor   RaidDevice State
       0       8       65        0      active sync   /dev/sde1
       1       8       81        1      active sync   /dev/sdf1
```

图 7-3-6　查看 md2 详细信息

（5）查看磁盘是否已经做了 RAID，命令如图 7-3-7 所示。

```
[root@localhost ~]# mdadm -E /dev/sd[c-f]1
```

图 7-3-7　查看 sdc1\sdd1\sde1\sdf1 是否做了 RAID

（6）创建 RAID 0，将其命名为 md10，指定使用 RAID 1 中的 md1 和 md2 做 RAID 0，如图 7-3-8 所示。

```
[root@localhost ~]# mdadm -Cv /dev/md10 -l0 -n2 /dev/md1 /dev/md2
mdadm: chunk size defaults to 512K
mdadm: Defaulting to version 1.2 metadata
mdadm: array /dev/md10 started.
```

图 7-3-8　创建 RAID 0（命名 md10）

（7）查看 md10 的详细信息，如图 7-3-9 所示。

```
[root@localhost ~]# mdadm -D /dev/md10
/dev/md10:
           Version : 1.2
     Creation Time : Thu Apr  7 22:45:43 2022
        Raid Level : raid0
        Array Size : 41871360 (39.93 GiB 42.88 GB)
      Raid Devices : 2
     Total Devices : 2
       Persistence : Superblock is persistent

       Update Time : Thu Apr  7 22:45:43 2022
             State : clean
    Active Devices : 2
   Working Devices : 2
    Failed Devices : 0
     Spare Devices : 0

        Chunk Size : 512K

Consistency Policy : none

              Name : localhost.localdomain:10  (local to host localhost.localdom
ain)
              UUID : f3addaf0:97f51e17:f4559ad7:a39e484b
            Events : 0

    Number   Major   Minor   RaidDevice State
       0       9        1        0      active sync   /dev/md1
       1       9        2        1      active sync   /dev/md2
```

图 7-3-9　查看 md10 的详细信息

模块名称	磁盘管理与文件归档	任务名称	创建磁盘阵列		
班级		姓名		日期	

（8）进入根目录下创建目录 md10，将 RAID 10 的 md10 进行格式化之后挂载在 md10 目录下，如图 7-3-10 所示。如图 7-3-11 所示查看挂载情况，然后就可以在该阵列中进行读 / 写。

```
[root@localhost ~]# cd /
[root@localhost /]# mkdir md10
[root@localhost /]# ls
bin   data1  etc        home  lib64  media  opt   root  sbin  sys  usr
boot  dev    file.zip   lib   md10   mnt    proc  run   srv   tmp  var
[root@localhost /]# mkfs.xfs /dev/md10
meta-data=/dev/md10              isize=512    agcount=16, agsize=654208 blks
         =                       sectsz=512   attr=2, projid32bit=1
         =                       crc=1        finobt=0, sparse=0
data     =                       bsize=4096   blocks=10467328, imaxpct=25
         =                       sunit=128    swidth=256 blks
naming   =version 2              bsize=4096   ascii-ci=0 ftype=1
log      =internal log           bsize=4096   blocks=5112, version=2
         =                       sectsz=512   sunit=8 blks, lazy-count=1
realtime =none                   extsz=4096   blocks=0, rtextents=0
[root@localhost /]# mount /dev/md10 /md10
```

图 7-3-10　md10 格式化及挂载

```
[root@localhost /]# df -h
Filesystem               Size  Used Avail Use% Mounted on
devtmpfs                 1.9G     0  1.9G   0% /dev
tmpfs                    1.9G     0  1.9G   0% /dev/shm
tmpfs                    1.9G   12M  1.9G   1% /run
tmpfs                    1.9G     0  1.9G   0% /sys/fs/cgroup
/dev/mapper/centos-root   17G  1.6G   16G  10% /
/dev/sdb1                9.8G   37M  9.2G   1% /data1
/dev/sda1               1014M  151M  864M  15% /boot
tmpfs                    378M     0  378M   0% /run/user/0
/dev/md10                 40G   33M   40G   1% /md10
```

图 7-3-11　查看挂载情况

（9）设置开机自动挂载，修改 /etc/fstab 文件，文件添加内容如图 7-3-12 所示。

```
# /etc/fstab
# Created by anaconda on Mon Apr  4 05:43:23 2022
#
# Accessible filesystems, by reference, are maintained under '/dev/disk'
# See man pages fstab(5), findfs(8), mount(8) and/or blkid(8) for more info
#
/dev/mapper/centos-root /                       xfs     defaults        0 0
UUID=2f36fe3b-f42d-48e9-b719-78df3308114e /boot                   xfs     defaul
ts        0 0
/dev/mapper/centos-swap swap                    swap    defaults        0 0
/dev/sdb1  /data1                               ext4    defaults        0 0
/dev/md10  /md10                                xfs     defaults        0 0
```

图 7-3-12　自动挂载配置

小嘉按照以上操作，先将四块新硬盘每两块做 RAID 1（md1 和 md2），再使用 md1 和 md2 做 RAID 0（md10），这样相当于 md10 为磁盘阵列 RAID 10。md10 也需要像普通单个硬盘经过格式化及挂载后，才能投入使用。

模块名称	磁盘管理与文件归档	任务名称	创建磁盘阵列		
班级		姓名		日期	

06 活页笔记

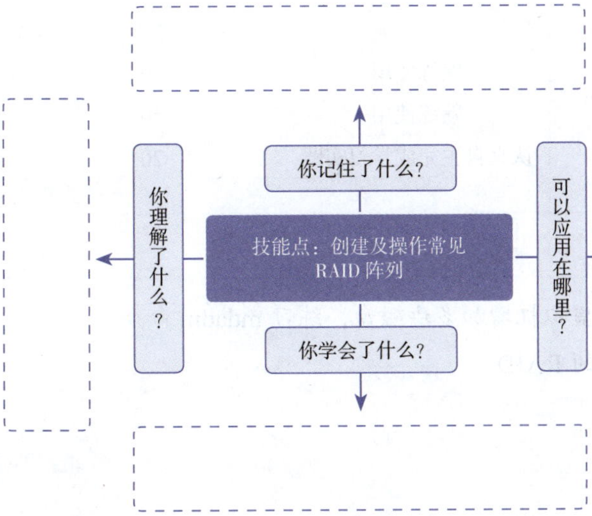

自我分析与总结：

模块名称	磁盘管理与文件归档	任务名称	创建磁盘阵列		
班级		姓名		日期	

07 评价反馈

评价细目	评价标准	分值	得分
磁盘阵列的原理及分类	熟练使用	30	
磁盘阵列的操作	熟练使用	50	
学习态度	认真自主完成学习实践	20	

08 作业与训练

（1）在模拟环境下，虚拟机增加多块磁盘，练习 mdadm 命令。

（2）删除第 1 题创建的 RAID。

模块八　网络配置

课程名称	Linux 操作系统应用	模块八　网络配置			
班级		学时	4	日期	
任务一　掌握基本网络配置原理及操作					
专业群	群内所有专业	学时	3		

01 任务描述

××企业新增了 Linux 服务器，但还没有配置 TCP/IP 网络参数，现在工程师小嘉设置好各项 TCP/IP 参数，并连通网络。

02 导　学

温馨提示	关键知识点	关键技能
学习完成本任务后，知识和技能可以达到 95% 以上 重点系数：★★★★★ 难度系数：★★★	网络管理	网络管理相关命令

03 学习目标

素质目标	◎具有解决问题的能力和持续学习的态度。
技能目标	◎掌握网络管理的相关命令。
知识目标	◎掌握 OSI 七层参考模型。 ◎掌握 TCP/IP 四层参考模型。 ◎掌握网络配置文件的相关参数。

04 相关知识

1. 网络模型及网络协议概述

网络通信中，常见的网络模型分别是 OSI（open system interconnection，开放系统互连）七层参考模型和 TCP/IP 四层参考模型。

（1）OSI 七层参考模型是国际标准化组织（ISO）制定的一个用于计算机或通信系统间互联的标准体系。OSI 的分层有些冗余，是理论模型，一般用于理论研究，如图 8-1-1 所示。

（2）TCP/IP 四层参考模型是计算机网络 ARPANET 和其后继的因特网使用的参考模型，是互联网实际应用模型，如图 8-1-2 所示。

每层常见网络协议概述如下：

① ARP（address resolution protocol）：地址解析协议，将 IP 解析成 MAC 地址。

模块名称	网络配置	任务名称	掌握基本网络配置原理及操作		
班级		姓名		日期	

② DNS：域名系统或者域名解析协议，将域名（如 www.baidu.com）与 IP 地址相互映射，使人们使用域名来方便地访问互联网。

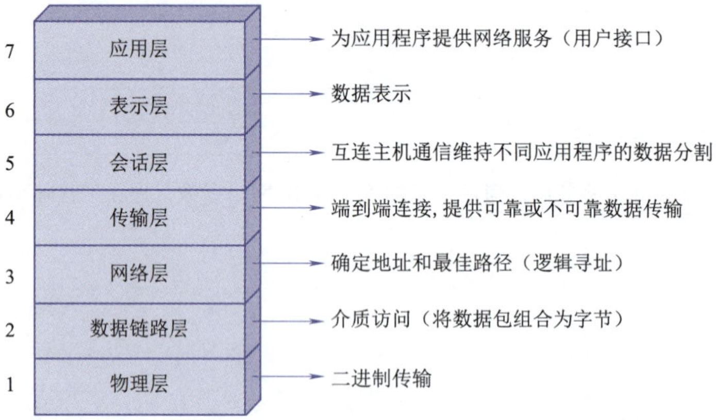

图 8-1-1　OSI 开放系统互连七层参考模型

<table>
<tr><td>应用层</td><td colspan="3">Telent、FTP、HTTP、P2P</td><td colspan="2">SNMP、TFTP、NFS、 P2P</td></tr>
<tr><td>传输层</td><td colspan="3">TCP</td><td colspan="2">UDP</td></tr>
<tr><td>网络层</td><td colspan="2">ARP</td><td colspan="2">IP</td><td>ICMP</td></tr>
<tr><td rowspan="2">链路层</td><td rowspan="2">以太网</td><td rowspan="2">令牌网</td><td>FDDI</td><td>HDLC</td><td>PPP</td></tr>
<tr><td colspan="2">802.2</td><td>802.3</td></tr>
</table>

图 8-1-2　TCP/IP 四层参考模型

③ SNMP（simple network management protocol）：网络管理协议。赋予网络管理员监控和管理网络设备状态、配置及性能的能力。

④ DHCP（dynamic host configuration protocol）：动态主机配置协议，它是在 TCP/IP 网络上使客户机自动配置 IP 地址等信息的协议。该协议存在于应用层，但功能和配置通常在网络层。

⑤ FTP（file transfer protocol）：文件传输协议，它是一个标准协议，是在计算机和网络之间交换文件的最简单的方法。

⑥ HTTP（hypertext transfer protocol）：超文本传输协议，是万维网（www）的数据通信的基础，用于从服务器传输超文本到本地浏览器的传输协议。

⑦ HTTPS（secure hypertext transfer protocol）：安全超文本传输协议，它是由 Netscape 开发并内置于其浏览器中，用于对数据进行压缩和解压操作。

模块名称	网络配置	任务名称	掌握基本网络配置原理及操作		
班级		姓名		日期	

⑧ ICMP（Internet control message protocol）：Internet 控制消息协议、互联网控制报文协议。

⑨ SMTP（simple mail transfer protocol）：简单邮件传送协议，是一种用于从源地址到目的地址传输邮件的规范，它帮助每台计算机在发送或中转信件时找到下一个目的地。

⑩ Telnet Protocol：虚拟终端协议，允许用户通过网络将本地计算机变成远程主机的仿真终端，从而方便地使用远程主机上的软硬件资源。

⑪ TFTP（trivial file transfer protocol）：小文件传输协议，主要用于小文件传输，因此它不具备通常的 FTP 的许多功能。

⑫ UDP（user datagram protocol）：用户数据报协议，它是定义用来在互联网络环境中提供包交换的计算机通信的协议。

⑬ TCP（transmission control protocol）：传输控制协议，是一种面向连接的、可靠的、基于字节流的传输层通信协议。

2. IP 地址概述

1）IP 的概念

IP 是整个 TCP/IP 协议族的核心，也是构成互联网的基础。IP 位于 TCP/IP 模型的网络层（相当于 OSI 模型的网络层），它可以向传输层提供各种协议的信息，如 TCP、UDP 等；对下可将 IP 信息包放到链路层，通过以太网、令牌环网络等各种技术来传送。

2）IP 协议

IP 协议实际上是一套由软件程序组成的协议软件，它把各种不同“帧”统一转换成“IP 数据报”格式，这种转换是因特网的一个最重要的特点，使所有各种计算机都能在因特网上实现互通，即具有“开放性”的特点。

3）IP 地址

IP 协议中还有一个非常重要的内容，那就是给因特网上的每台计算机和其他设备都规定了一个唯一的地址，称为“IP 地址”。由于有这种唯一的地址，才保证了用户在联网的计算机上操作时，能够高效而且方便地从千千万万台计算机中选出所需的对象。

（1）IP 地址的分类。IP 地址的分类见表 8-1-1。

表 8-1-1 IP 地址分类

类别	IP 地址范围	主机数（台）
A 类	0.0.0.0~127.255.255.255	$2^{24}-2$=16 777 214
B 类	128.0.0.0~191.255.255.255	$2^{16}-2$=65 534
C 类	192.0.0.0~223.255.255.255	$2^{8}-2$=254
D 类	224.0.0.0~239.255.255.255	用于多点广播
E 类	240.0.0.0~255.255.255.255	保留地址

模块名称	网络配置	任务名称	掌握基本网络配置原理及操作		
班级		姓名		日期	

（2）子网与子网掩码。IP 地址是以网络号和主机号来标示网络上的主机的，只有在一个网络号下的计算机之间才能“直接”互通，不同网络号的计算机要通过网关（gateway）才能互通。但这样的划分在某些情况下显得并十分不灵活。为此，IP 网络还允许划分成更小的网络，称为子网（subnet），这样就产生了子网掩码。子网掩码的作用就是用来判断任意两个 IP 地址是否属于同一子网络，这时只有在同一子网的计算机才能“直接”互通。

3. 网络配置文件（CentOS 7）

CentOS 7 系统网络配置文件的路径为 /etc/sysconfig/network-scripts。配置文件的详细介绍如下：

（1）使用 dhcp 方式获取 IP 地址的典型配置文件，以路径 /etc/sysconfig/network-scripts 下的 ifcfg-ens33 配置文件为例，具体如下：

```
TYPE="Ethernet"
PROXY_METHOD="none"
BROWSER_ONLY="no"
BOOTPROTO="dhcp"
DEFROUTE="yes"
IPV4_FAILURE_FATAL="no"
IPV6INIT="yes"
IPV6_AUTOCONF="yes"
IPV6_DEFROUTE="yes"
IPV6_FAILURE_FATAL="no"
IPV6_ADDR_GEN_MODE="stable-privacy"
NAME="ens33"
UUID="322d2145-eef2-427c-bb31-207bb8f609ff"
DEVICE="ens33"
ONBOOT="yes"
```

（2）配置文件参数说明，见表 8-1-2。

表 8-1-2　配置文件参数

配置文件内容	说　明
TYPE=Ethernet	网卡类型：以太网
PROXY_METHOD=none	代理方式：关闭状态
BROWSER_ONLY=no	仅浏览器支持：否
BOOTPROTO=dhcp	引导协议：dhcp、static、none
DEFROUTE=yes	启动默认路由
IPV4_FAILURE_FATAL=no	不启用 IPv4 错误检查
IPV6INIT=yes	启用 IPv6
IPV6_AUTOCONF=yes	自动配置 IPv6
IPV6_DEFROUTE=yes	启用 IPv6 默认路由
IPV6_FAILURE_FATAL=no	不启用 IPv6 错误检查

模块名称	网络配置	任务名称	掌握基本网络配置原理及操作		
班级		姓名		日期	

配置文件内容	说　明
IPV6_ADDR_GEN_MODE=stable-privacy	IPv6 地址生成模式：stable-privacy
NAME=ens33	网卡设备名称
UUID=ad7dab27-5c4e-4cf3-a356-1b997a59907f	通用唯一识别码
DEVICE=ens33	网卡设备名称，必须和 NAME 值一样
ONBOOT=yes	开机启动

（3）手工修改网卡配置文件：如果想手动分配 IP 地址，需要将 BOOTPROTO 的值由 dhcp 改成 none 或者 static，将配置文件再增加以下几项：

```
IPADDR=192.168.122          #IP地址
PREFIX=24                   #子网掩码，24相当于255.255.255.0
GATEWAY=192.168.1.1         #默认网关
DNS1=114.114.114.114        #首选DNS地址
DNS2=8.8.8.8                #备用DNS地址，这项也可以不写
```

4. 网络管理命令 -ifconfig

（1）功能：获取网络接口信息、修改相关网络配置。

（2）语法：

```
ifconfig [-a] [-v] [-s] <interface> [[<AF>] <address>]
[add <address>[/<prefixlen>]]
[del <address>[/<prefixlen>]]
[[-]broadcast [<address>]]  [[-]pointopoint [<address>]]
[netmask <address>]  [dstaddr <address>]  [tunnel <address>]
[outfill <NN>] [keepalive <NN>]
[hw <HW> <address>]  [mtu <NN>]
[[-]trailers]  [[-]arp]  [[-]allmulti]
[multicast]  [[-]promisc]
[mem_start <NN>]  [io_addr <NN>]  [irq <NN>]  [media <type>]
[txqueuelen <NN>]
[[-]dynamic]
[up|down] ...
```

（3）命令示例：

```
#显示网络信息
ifconfig -a
#启动关闭指定网卡
ifconfig ens33 up
ifconfig ens33 down
#配置IP地址
ifconfig ens33 192.168.79.130 netmask 255.255.255.0
#设置最大传输单元
ifconfig ens33 mtu 1500
```

模块名称	网络配置	任务名称	掌握基本网络配置原理及操作		
班级		姓名		日期	

5. 网络管理命令 -netstat

（1）功能：显示网络状态。

（2）命令示例：

```
#检查所有的连接
netstat -a
#检查所有的 tcp/udp/unix socket 连接
netstat -at （tcp连接）
netstat -au （udp连接）
netstat -ax （Unix socket 连接）
#列出端口号
netstat -an
#只输出监听端口
netstat -l
#输出网络状态
netstat -s
#输出网卡状态
netstat -i
#显示网络路由信息
netstat -r
#统计3306端口的连接数
netstat -anp | grep 3306 | wc -l
```

6. 网络管理命令 -route

（1）功能：显示、管理路由表。

（2）语法：

```
route [-nNvee] [-FC] [<AF>]
route [-v] [-FC] {add|del|flush}
```

（3）命令示例：

```
#查看路由表
route -n
#添加网络路由
route add -net 192.56.76.0 netmask 255.255.255.0 dev ens33
route add -net 192.57.66.0 netmask 255.255.255.0 gw ipx4
#删除默认路由
route del default
#添加默认路由
route add default gw 网关地址
```

7. 桥接网络（CentOS 7）

（1）功能：实现共享主机网络。

（2）命令：brctl（如没有该命令则需要执行：yum install bridge-utils -y）。

模块名称	网络配置	任务名称	掌握基本网络配置原理及操作		
班级		姓名		日期	

（3）语法：`brctl [commands]`

（4）命令示例：

```
#创建网桥br0
brctl addbr br0
#删除网桥br0
brctl delbr br0
#将网卡ens33接口接入网桥br0
brctl addif br0 ens33
#删除网桥接入的网卡接口ens33
brctl delif br0 ens33
#查询网桥信息
brctl show br0
#启用禁用 STP
brctl stp br0 on
brctl stp br0 off
#查看网桥 STP 信息
brctl showstp br0
#查看 mac 信息
brctl showmacs br0
```

8. 其他基本操作

ping 是工作在 TCP/IP 网络体系结构中应用层的一个服务命令，主要是向特定的目的主机发送 ICMP 请求报文，测试目的站是否可达及了解其有关状态。

ping 命令的一般格式为：`ping [option] 地址`

常用参数 [option] 如下：

-c：数目，在发送指定数目的包后停止。

-i：秒数，设置间隔几秒送一个网络封包给一台机器，预设值是一秒送一次。

```
#每隔0.01s向IP为192.168.2.25的主机发送报文
ping -i 0.01 192.168.2.25
```

可以通过修改配置文件来配置 IP 与主机名（域名）的对应关系。执行 vim /etc/hosts 后，修改文件内容如下：

```
27.0.0.1     localhost localhost.localdomain localhost4 localhost4.localdomain4
::1           localhost localhost.localdomain localhost6 localhost6.localdomain6
192.168.2.25    lovelyway
192.168.2.26    lorinda
```

配置成功后，可以使用主机名代表主机，如向 192.168.2.25 发送报文，使用 lovelyway 代替 IP 地址即可。

模块名称	网络配置	任务名称	掌握基本网络配置原理及操作		
班级		姓名		日期	

05 任务实施

1. 设置 IP 地址及子网掩码

（1）查看网络接口 eth0 的配置信息，如图 8-1-3 所示。

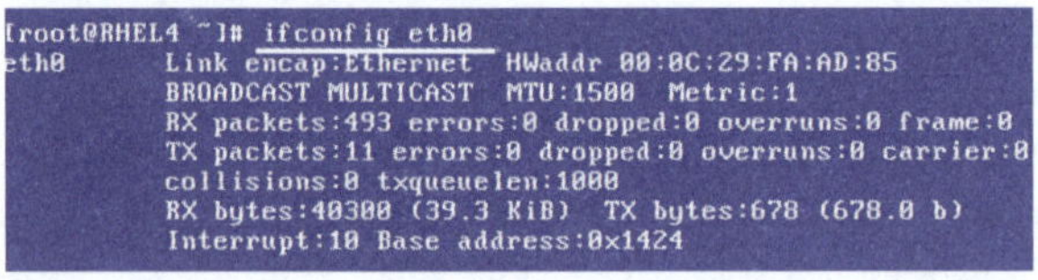

图 8-1-3　查看网络接口 eth0 的配置信息

（2）为此网络接口设置 IP 地址、广播地址、子网掩码、并启动此网络接口。利用 ifconfig 命令查看系统中网络接口，仔细观察所看到的现象，记录启动的网络接口，如图 8-1-4 所示。

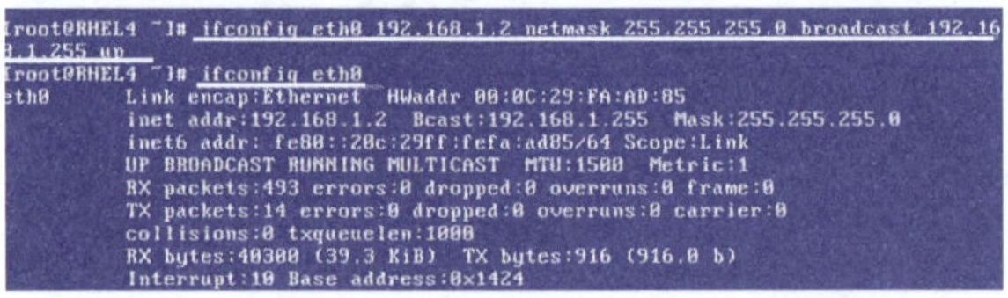

图 8-1-4　配置网络接口 eth0

2. 设置网关和主机名

（1）显示系统的路由设置，如图 8-1-5 所示。

图 8-1-5　路由信息显示

（2）设置默认路由，并再次显示系统的路由设置，确认设置成功，如图 8-1-6 所示。

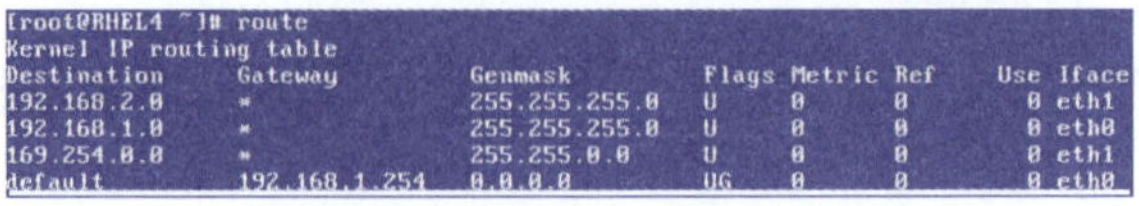

图 8-1-6　默认路由显示

（3）显示当前的主机名设置，并以自己姓名缩写重新设置主机名。再次显示当前的主机名设置，确认修改成功，如图 8-1-7 所示。

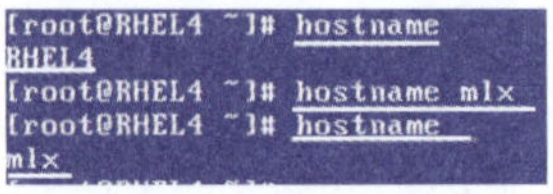

图 8-1-7　修改主机名

模块名称	网络配置	任务名称	掌握基本网络配置原理及操作		
班级		姓名		日期	

3. 网络设置检测

ping 网关的 IP 地址，检测网络是否连通。用 netstat 命令显示系统核心路由表，用 netstat 命令查看系统开启的 TCP 端口。

4. 设置域名解析

（1）编辑 /etc/hosts 文件，加入要进行静态域名解析的主机的 IP 地址和域名。用 ping 命令检测上面设置好的网关的域名，测试静态域名解析是否成功。编辑 /etc/resolv.conf 文件，加入域名服务器的 IP 地址，设置动态域名解析，如图 8-1-8 所示。

（2）编辑 /etc/host.conf 文件，设置域名解析顺序为 bind，hosts，如图 8-1-9 所示。

```
[root@RHEL4 ~]# cat /etc/resolv.conf
nameserver 192.168.1.2
```

图 8-1-8　域名解析 IP 地址设置

```
[root@RHEL4 ~]# cat /etc/host.conf
order bind,hosts
```

图 8-1-9　设置域名解析

（3）用 nslookup 命令查询一个网址对应的 IP 地址，测试域名解析的设置。

5. 启动和停止守护进程

（1）用 service 命令查看守护进程 sshd 的状态，如图 8-1-10 所示。

（2）如果显示 sshd 处于停用状态，可以试着用 ssh 命令来连接本地系统，查看是否真的无法登录，如图 8-1-11 所示。

```
[root@RHEL4 ~]# service sshd status
sshd is stopped
```

图 8-1-10　守护进程 sshd 的状态查看

```
[root@RHEL4 ~]# ssh localhost
ssh: connect to host localhost port 22: Connection refused
```

图 8-1-11　ssh 命令来连接本地系统

（3）用 service 命令启动 sshd，再用 ssh 命令连接本地系统，查看 sshd 服务是否真的已经启动，如图 8-1-12 所示。

```
[root@RHEL4 ~]# service sshd start
Starting sshd:                                             [  OK  ]
[root@RHEL4 ~]# ssh localhost
The authenticity of host 'localhost (127.0.0.1)' can't be established.
RSA key fingerprint is 0c:dd:63:f7:66:2d:a2:35:a0:43:37:34:53:b7:88:f7.
Are you sure you want to continue connecting (yes/no)? yes
Warning: Permanently added 'localhost' (RSA) to the list of known hosts.
root@localhost's password:
Last login: Mon Apr 20 14:26:07 2009
[root@mlx ~]# _
```

图 8-1-12　sshd 服务启动

（4）用 service 命令停止 sshd 守护进程，如图 8-1-13 所示。

```
[root@RHEL4 ~]# service sshd stop
Stopping sshd:                                             [  OK  ]
```

图 8-1-13　sshd 服务停止

通过以上操作，小嘉通过网络接口 eth0，完成了各项网络设置，并开启了 ssh 服务，服务器可以进行正常的网络服务。

模块名称	网络配置	任务名称	掌握基本网络配置原理及操作		
班级		姓名		日期	

06 活页笔记

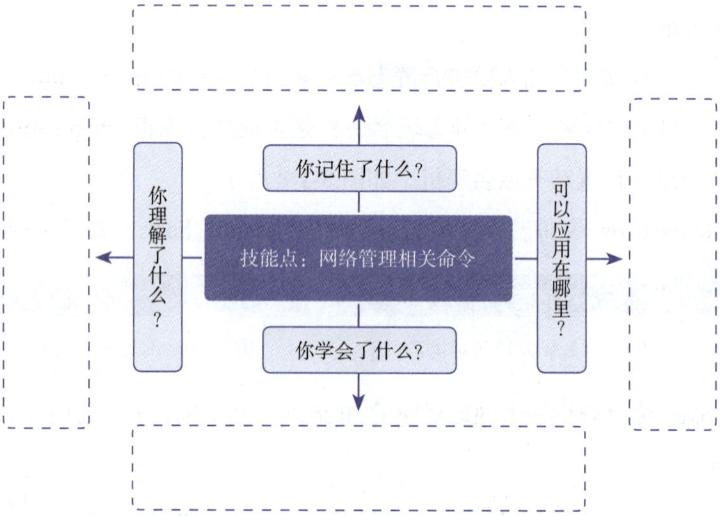

自我分析与总结：

模块名称	网络配置	任务名称	掌握基本网络配置原理及操作		
班级		姓名		日期	

07 评价反馈

评价细目	评价标准	分值	得分
网络管理命令	熟练使用	30	
学习态度	认真自主完成学习实践	20	

08 作业与训练

在 VMware 下创建了 CentOS 7 虚拟机，配置网络操作要求具体如下：

（1）CentOS 7 配置固定 IP。

（2）验证网络（查看 CentOS 7 宿主机和虚拟机的 IP 有何特点）。

课程名称	Linux 操作系统应用	模块八　网络配置			
班级		学时	4	日期	
任务二　认识与使用网络终端连接工具					
专业群	群内所有专业	学时	1		

01 任务描述

系统工程师小嘉需要在 Windows 系统上使用远程终端工具来管理两台 CentOS 服务器，IP 分别是 192.168.20.68 及 192.168.20.30，并向服务器上传文件。

02 导　学

温馨提示	关键知识点	关键技能
学习完成本任务后，知识和技能可以达到 95% 以上 重点系数：★★★ 难度系数：★★	网络终端工具	网络终端工具的使用

03 学习目标

素质目标	◎具有解决问题的能力和持续学习的态度。
技能目标	◎能够熟练使用 SecureCRT。
知识目标	◎认识常见的网络终端工具。

04 相关知识

1. 常见网络终端连接工具简介

Linux 远程连接工具有 Xshell、SecureCRT、WinSCP、PuTTY、MobaXterm、FinalShell。具体介绍如下：

1）Xshell

Xshell 支持 SSH1、SSH2, 以及 Windows 平台的 Telnet 协议。Xshell 可以在 Windows 界面下访问远端不同系统下的服务器，从而比较好地达到远程控制终端的目的，Xshell 非常符合使用习惯，它是平时工作中使用非常多的一款远程连接工具。

2）SecureCRT

SecureCRT 支持 SSH、Telnet 和 rlogin 协议。SecureCRT 是一款用于连接运行 Windows、UNIX 和 VMS 的理想工具。SecureCRT 为组织中的每个人提供安全的远程访问、文件传输和数据隧道。通过使用内含的 VCP 命令行程序可以进行加密文件的传输。

模块名称	网络配置	任务名称	认识与使用网络终端连接工具		
班级		姓名		日期	

3）WinSCP

WinSCP 是一个 Windows 环境下使用 SSH 的开源图形化 SFTP 工具客户端，同时支持 SCP 协议。其主要功能就是在本地与远程计算机间安全地复制传输文件。

4）PuTTY

PuTTY 是 SSH 和 Telnet 客户端，最初由 Simon Tatham 为 Windows 平台开发，用 MIT 许可证授权。包含的组件有 PuTTY、PuTTYgen、PSFTP、PuTTYtel、Plink、PSCP、Pageant，默认登录协议是 SSH，默认的端口为 22。PuTTY 主要用来远程连接服务器，它支持 SSH、Telnet、Serial 等协议的连接，具有完全免费开源、跨平台、体积小、免安装等特点。

5）MobaXterm

MobaXterm 的功能非常全面，几乎提供了所有重要的远程网络工具（如 SSH、X11、RDP、VNC、FTP、MOSH 等），以及 Windows 桌面上的 UNIX 命令（bash、ls、cat、sed、grep、awk、rsync 等），登录之后默认开启 sftp 模式。

6）FinalShell

FinalShell 是一体化的服务器网络管理软件（用 Java 语言编写），不仅是 ssh 客户端，FinalShell 还是功能强大的开发、运维工具，充分满足用户的开发运维需求。

2. secureCRT

本任务选择 secureCRT 终端工具，以下介绍一下 SecureCRT 的常用功能：

（1）鼠标左键选中的内容为复制。在光标处，右击空白处为粘贴。

（2）Alt+Enter：全屏显示。

（3）Alt+P：调出 sftp 窗口。

（4）Ctrl+F4：关闭当前 session。

（5）Alt+F4：关闭 SecureCRT 软件。

（6）Alt+C：打开连接会话标签，快速选择连接会话。

（7）打开工具栏 SecureFX，图形化界面实现本地与服务器文件互传。

05 任务实施

（1）打开 SecureCRT 终端工具安装文件目录，执行 SecureCRTPortable.exe，如图 8-2-1 所示。

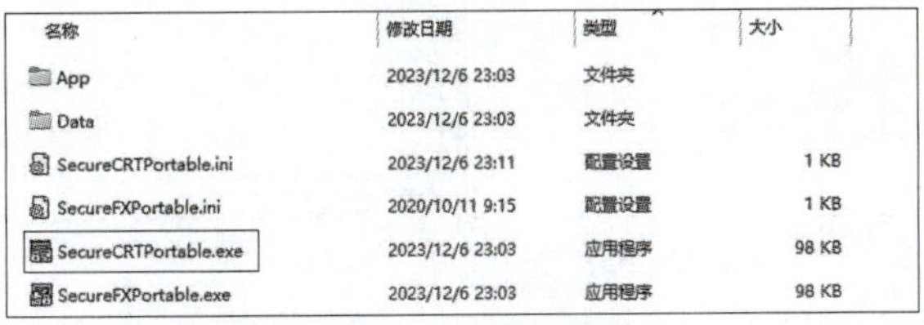

图 8-2-1　执行 SecureCRTPortable.exe 终端工具

模块名称	网络配置	任务名称	认识与使用网络终端连接工具		
班级		姓名		日期	

（2）主机名填上主机 IP:192.168.20.30，同时填上用户名 root，如图 8-2-2 所示。

（3）按提示输入密码，如图 8-2-3 所示。

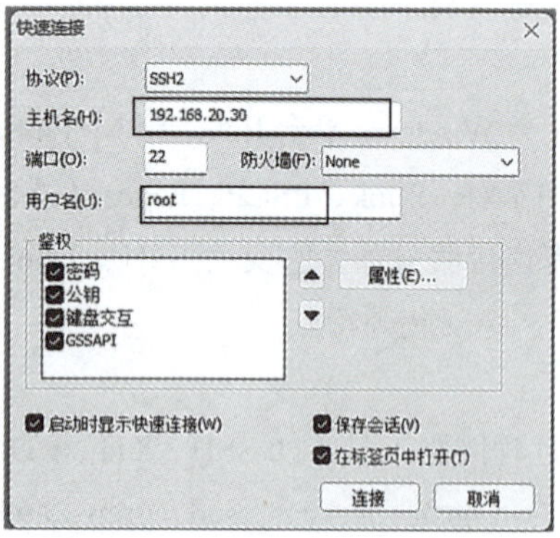

图 8-2-2　连接主机 192.168.20.30

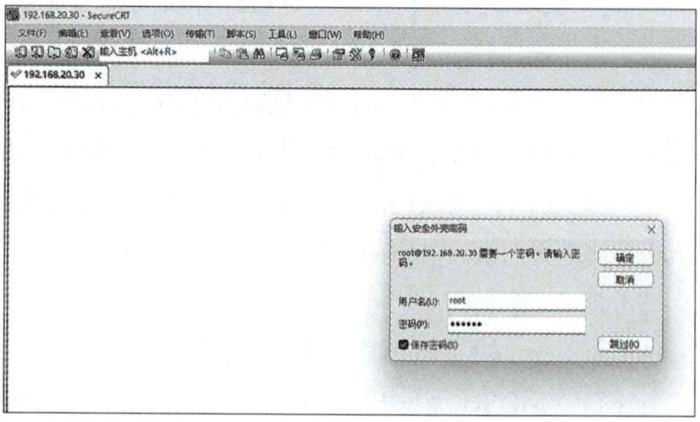

图 8-2-3　登录主机 192.168.20.30

（4）进入界面，主机 IP 号前为勾，则表示连接成功，如图 8-2-4 所示。

（5）按同样方式连接 192.168.20.68，多台机器可以在不同标签面打开。按照图 8-2-5 操作，可以同时向两台服务器同时发送命令。

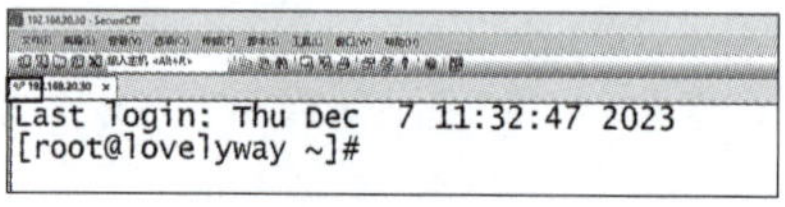

图 8-2-4　进入主机 192.168.20.30 终端

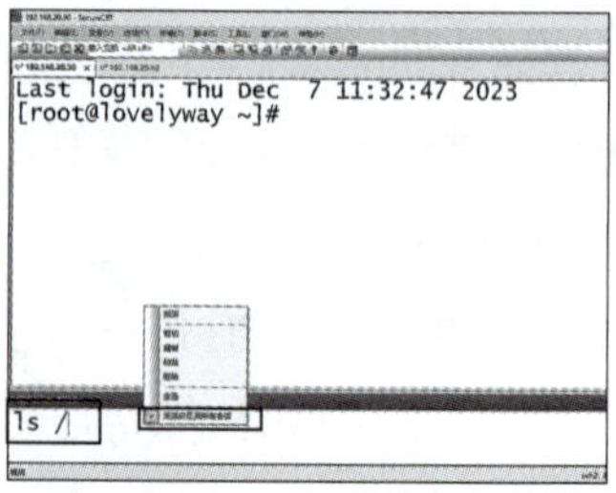

图 8-2-5　管理多台主机

（6）单击工具栏 SecureFX，弹出以下界面，可以由本地向服务器上传文件，如图 8-2-6 所示。

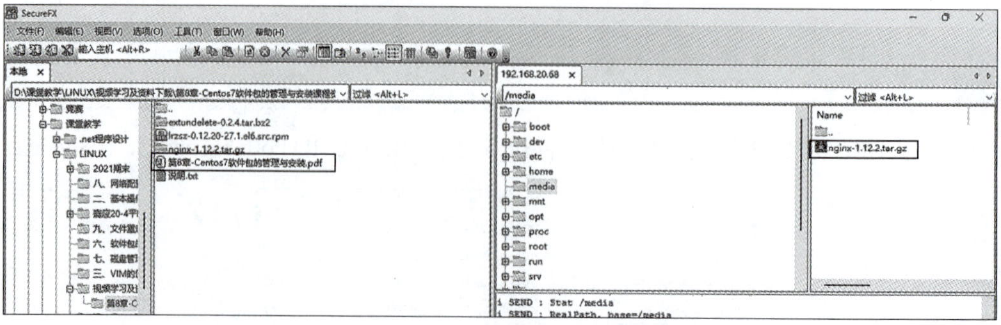

图 8-2-6　本机向服务器上传文件

通过 SecureCRT 终端工具，可以同时管理多个已连接网络的 Linux 服务器。

模块名称	网络配置	任务名称	认识与使用网络终端连接工具		
班级		姓名		日期	

06 活页笔记

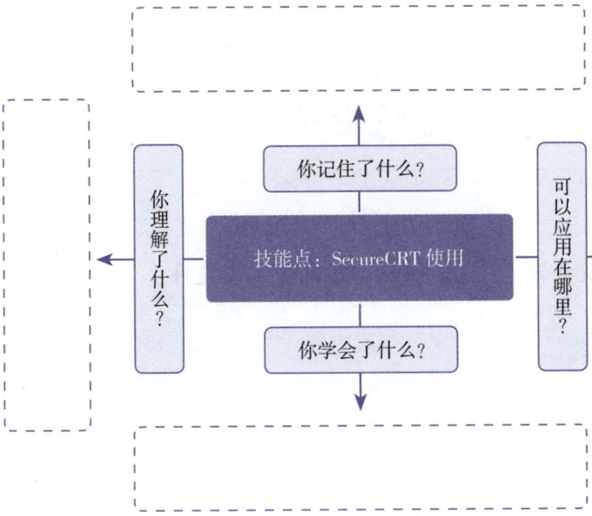

自我分析与总结：

模块名称	网络配置	任务名称	认识与使用网络终端连接工具		
班级		姓名		日期	

07 评价反馈

评价细目	评价标准	分值	得分
常用网络终端工具	熟练使用	80	
学习态度	认真自主完成学习实践	20	

08 作业与训练

使用 SecureCRT 连接服务器，并由本地向服务器上传文件。

参考文献

[1] 刘振洪，吴敏凤．Linux 操作系统实用教程［M］．天津：天津科学技术出版社，2016．

[2] 陈娟．Linux 网络管理实训设计［J］．电子世界，2021（21）：178-179.

[3] 杨明．源服务器搭建方式分析比较与搭建［J］．电子技术与软件工程，2016（12）：153,162.